WERKSTATTBÜCHER

Verzeichnis der zur Zeit greifbaren und der in Kürze erscheinenden Hefte, nach Fachgebieten geordnet

Das Gesamtverzeichnis mit Inhaltsangabe jedes einzelnen Heftes ist erhältlich in den
Fachbuchhandlungen und unmittelbar beim
Springer-Verlag, 1 Berlin 31 (Wilmersdorf), Heidelberger Platz 3

Preis jedes Heftes DM 4,50 (die mit * bezeichneten DM 6,—)
Bei gleichzeitigem Bezug von 10 beliebigen Heften ermäßigt sich der Heftpreis um 20%

I. Werkstoffe, Hilfsstoffe, Hilfsverfahren (s. auch IV)

Heft

ROTTLER: Hartmetalle in der Werkstatt. 2. Aufl. 1955 ... 62
KELLER u. EICKHOFF: Kupfer und Kupferlegierungen. 3. Aufl. 1955 ... 45
BÖHLE: Leichtmetalle. 3. Aufl. 1956 ... 53
NIELSEN †: Hitzehärtbare Kunststoffe — Duroplaste. 1952 ... 109
DETERMANN: Nichthärtbare Kunststoffe — Thermoplaste. 1953 ... 110
BITTNER u. KLOTZ: Furniere — Sperrholz — Schichtholz I. Technologische Eigenschaften; Prüf- und Abnahmevorschriften; Meß-, Prüf- und Hilfsgeräte. 2. Aufl. 1951 ... 76
BITTNER u. KLOTZ: Furniere — Sperrholz — Schichtholz II. Aus der Praxis der Furnier- und Sperrholz-Herstellung. 2. Aufl. 1951 ... 77
MALMBERG: Glühen, Härten und Vergüten des Stahles. 7. Aufl. 1961 ... 7
KLOSTERMANN: Die Praxis der Warmbehandlung des Stahles. 6. Aufl. 1952 ... 8
HEINRICH: Die Werkzeugstähle. 2. Aufl. 1964 ... 50
GRÖNEGRESS: Brennhärten. 3. Aufl. 1962 ... 89
HÖHNE: Induktionshärten. 1955 ... 116
WUNDRAM: Elektrowärme in der Eisen- und Metallindustrie. 2. Aufl. 1952 ... 69
SCHUSTER: Die Gaswärme im Werkstättenbetrieb. 1954 ... 115
KOTHNY: Die Brennstoffe. 2. Aufl. 1953 ... 32
KREKELER u. BEUERLEIN: Öl im Betrieb. 3. Aufl. 1953 ... 48
KLOSE: Farbspritzen. 2. Aufl. 1951 ... 49
KLOSE: Anstrichstoffe und Anstrichverfahren 1951 ... 103
BARTHELS: Rezepte für die Werkstatt. 6. Aufl. 1954 ... 9
TRUTNOVSKY: Dichtungen. 1949 ... 92

II. Spangebende Formung

KREKELER: Die Zerspanbarkeit der Werkstoffe. 3. Aufl. 1949 ... 61
MÜLLER: Gewindeschneiden. 5. Aufl. 1949 ... 1
DINNEBIER: Bohren. 4. Aufl. 1949 ... 15
DINNEBIER: Senken und Reiben. 4. Aufl. 1950 ... 16
SCHATZ: Innenräumen. 3. Aufl. 1951 ... 26
SCHATZ: Außenräumen. 2. Aufl. 1952 ... 80
STAUDINGER: Das Schleifen und Polieren der Metalle. 5. Aufl. 1955 ... 5
HOFMANN: Spitzenloses Schleifen I. Maschinenaufbau und Arbeitsweise. 1950 ... 97
HOFMANN: Spitzenloses Schleifen II. Zusatzvorrichtungen, Genauigkeits- und Schönheitsschliff. 1952 ... 107
FINKELNBURG: Läppen. 1951 ... 105
ROTTLER: Werkzeugschleifen spangebender Metallbearbeitungswerkzeuge. 2. Aufl. 1961 ... 94
BUXBAUM †: Feilen. 2. Aufl. 1955 ... 46
HOLLAENDER: Das Sägen der Metalle. 2. Aufl. 1951 ... 40
BRÖDNER: Die Fräser. 5. Aufl. 1961 ... 22
KLEIN: Das Fräsen. 3. Aufl. 1955 ... 88
KLEIN: Fräsmaschinen im Betrieb. 1960 ... 120
STAU: Nachformeinrichtungen für Drehbänke (Kopierdrehen). 1954 ... 113
FINKELNBURG: Die wirtschaftliche Verwendung von Einspindelautomaten. 2. Aufl. 1949 ... 81
FINKELNBURG: Die wirtschaftliche Verwendung von Mehrspindelautomaten. 2. Aufl. 1949 ... 71
PETZOLDT: Werkzeugeinrichtungen auf Einspindelautomaten. 2. Aufl. 1953 ... 83
PETZOLDT: Werkzeugeinrichtungen auf Mehrspindelautomaten. 1953 ... 95
WICHMANN: Maschinen und Werkzeuge für die spangebende Holzbearbeitung. 2. Aufl. 1951 ... 78

(Fortsetzung 3. Umschlagseite)

WERKSTATTBÜCHER

FÜR BETRIEBSFACHLEUTE, KONSTRUKTEURE UND STUDIERENDE
HERAUSGEBER DR.-ING. H. HAAKE, HAMBURG
═══ HEFT 43 ═══

Das Lichtbogenschweißen

Von

Dr.-Ing. Ernst Klosse

apl. Professor
an der Technischen Hochschule Karlsruhe

Fünfte neubearbeitete Auflage

(25. bis 30. Tausend)

Mit 119 Abbildungen

Springer-Verlag

Berlin / Göttingen / Heidelberg / New York

1964

ISBN 978-3-540-03233-5   ISBN 978-3-642-86067-6 (eBook)
DOI 10.1007/978-3-642-86067-6

Inhaltsverzeichnis

Seite

Vorwort 3

1. Allgemeine Begriffe 3
   1.1 Schweißen 3
   1.2 Schweißbarkeit 3
   1.3 Kennzeichen der Schweißbarkeit 4

2. Elektrisches Metallschmelzschweißen 4
   2.1 Lichtbogenschweißen 4
   2.2 Strahlschweißen 11

3. Elektrotechnik 12
   3.1 Der elektrische Lichtbogen 12
   3.2 Die Stromquellen 14

4. Schmelzschweißnähte 18
   4.1 Verbindungsschweißungen 19
   4.2 Auftragsschweißungen 21
   4.3 Spannungsverhältnisse der Schweißnähte 21

5. Werkstoffe 25
   5.1 Eisen und Stahl 25
   5.2 Nicht-Eisen (NE) – Schwermetalle und -Legierungen 30
   5.3 Leichtmetalle und Legierungen 30

6. Zusatzwerkstoffe 31
   6.1 Allgemeiner Überblick 31
   6.2 Stahlelektroden für Verbindungshandschweißungen 32
   6.3 Stahlelektroden und Zusatzwerkstoffe für maschinelle Verbindungsschweißungen . 34
   6.4 Stahlelektroden für Auftragsarbeiten 34
   6.5 Zusatzwerkstoffe für Gußeisenschweißungen 35
   6.6 Elektroden für NE-Metall-Schweißungen 36

7. Durchführung der Schweißarbeit 36
   7.1 Allgemeines 36
   7.2 Verbindungsschweißungen für Stahl 40
   7.3 Auftragsarbeiten 50
   7.4 Gußeisenschweißen 52
   7.5 NE-Schwermetalle und deren Legierungen 55
   7.6 Leichtmetalle und deren Legierungen 57
   7.7 Trennen 60

8. Verschiedenes 61
   8.1 Prüfen der Schweißarbeit 61
   8.2 Kostenberechnung der Schweißnaht 62
   8.3 Unfallverhütung 62
   8.4 Schulung 64

Vorwort

Das Werkstattbuch Heft 43 liegt in der 5. Auflage vor. Seit Erscheinen der 4. Auflage hat sich das Gebiet der Schweißtechnik im allgemeinen, das des Lichtbogenschweißens insbesondere wesentlich erweitert. Es sind neue Verfahren hinzugekommen, die älteren Verfahren wurden geräteseitig und vor allem durch die neuen Schweißzusatzwerkstoffe erheblich verbessert. Neue Erkenntnisse der Vorgänge beim Lichtbogenschweißen erlauben nun die Anwendung auf Arbeiten, die früher nicht in Betracht gezogen werden konnten.

Um durch diese wichtigen Erweiterungen den gegebenen Buchumfang nicht zu überschreiten, wurden einige Kapitel, die nicht direkt mit dem Lichtbogenschweißen zusammenhängen, ganz fortgelassen. Kürzungen bei der Besprechung der zu schweißenden Werkstoffe wurden aus dem gleichen Grunde vorgenommen und dafür auf andere Werkstattbücher hingewiesen. Die Zahl der DIN-Blätter, die sich auf das Schweißen beziehen, hat sich in letzter Zeit so vermehrt, daß die Aufzählung aller Blätter unmöglich war (s. DIN-Taschenbuch 8 „Schweißtechnische Normen und Vorschriften").

Es ist zu hoffen, daß das Buch auch in der neuen Auflage Freunde gewinnt. Für Hinweise und Verbesserungsvorschläge ist der Verfasser stets dankbar.

1. Allgemeine Begriffe

1.1 Schweißen. Nach DIN 1910 ist Metallschweißen ein Vereinigen metallischer Werkstoffe unter Anwendung von Wärme oder von Druck oder von beiden, und zwar mit oder ohne Zusetzen von artgleichem Werkstoff (Zusatzwerkstoff) mit gleichem oder nahezu gleichem Schmelzbereich.

1.2 Schweißbarkeit. Schweißbarkeit bedeutet die Fähigkeit eines Werkstoffes, sich unter gegebenen Bedingungen zu einer schweißgerechten Konstruktion verschweißen zu lassen und dem Verwendungszweck zu genügen.

Schweißbarkeit bedeutet:

Nichtrißbildung („Schweißrissigkeit"). Risse können im Schweißgefüge längs und quer zur Naht oder im Übergangsgefüge oder im Grundwerkstoff auftreten, und zwar als Mikro- oder Makrorisse. Sie können in den Korngrenzen oder durch die Kristalle verlaufen.

Bindefähigkeit; spielt für Stahl eine geringere Rolle, wohl aber für Gußeisen (Unmöglichkeit des Schweißens von verbranntem – versandetem – Guß) und auch für manche Leichtmetallegierungen, wenn sie mit einem ungeeigneten Zusatzwerkstoff geschweißt werden.

Eignung der ganzen Verbindung, vor allem hinsichtlich der Festigkeit und Zähigkeit von Naht, Übergangzone und Grundwerkstoff, evtl. auch bei anormalen Temperaturen (Bilder 1.01 u. 1.02) und Korrosionsfestigkeit der verschiedenen Gefüge.

Anmerkung: Die ersten vier Auflagen dieses Buches sind 1931, 1936, 1942 und 1950 erschienen.

Mit den verschiedenen Gebieten der Schweißtechnik befassen sich noch folgende Werkstattbücher:

Heft 13: Schimpke, Die neueren Schweißverfahren mit besonderer Berücksichtigung der Gasschweißtechnik, 7. Aufl. in Vorbereitung.

Heft 73a/b (Doppelheft): Brunst/Fahrenbach, Widerstandsschweißen, 3. Aufl. 1962.

Heft 74: Hesse, Praktische Regeln für den Elektroschweißer, 4. Aufl. 1958.

Heft 85: Ricken, Das Schweißen der Leichtmetalle, 2. Aufl. 1949.

Heft 102: Klosse, Schweißtechnische Berechnungen, 1951.

Schweißbarkeit hängt vom Werkstoff und seinen Legierungsbestandteilen ab, die gewollt oder ungewollt in den Schweißzonen sind, wobei die Art der *Bindung* – „physikalische Bindung", z. B. Lösung von Sauerstoff oder Stickstoff im Eisen, oder „chemische Bindung", z. B. Bildung von Eisenoxyden oder Eisennitriden – einen großen Unterschied bedeutet. Zustand des Werkstoffes, Wärmebehandlung, Abkühlung, Gefügeart haben Einflüsse auf die Schweißbarkeit, desgleichen Unregelmäßigkeiten, wie z. B. Seigerungen (Entmischungen), Doppelungen, Alterungen. Damit hängt auch eng das Herstellungsverfahren des Werkstoffes zusammen. In der Schweißkonstruktion wird die Schweißbarkeit beeinflußt von dem Spannungszustand in der Naht. Ein mehrachsiger Spannungszustand setzt die Schweißbarkeit wesentlich herab. Ähnlich wirken bestimmte Kraftrichtungen in oder auf der Schweißnaht. Schubspannungen gelten im allgemeinen als gefährlicher als Zugspannungen. Hierbei spielt die Werkstoffdicke eine gewisse Rolle, die sich nicht nur technologisch durch evtl. schnellere Wärmeabfuhr (also „Abschreckung")

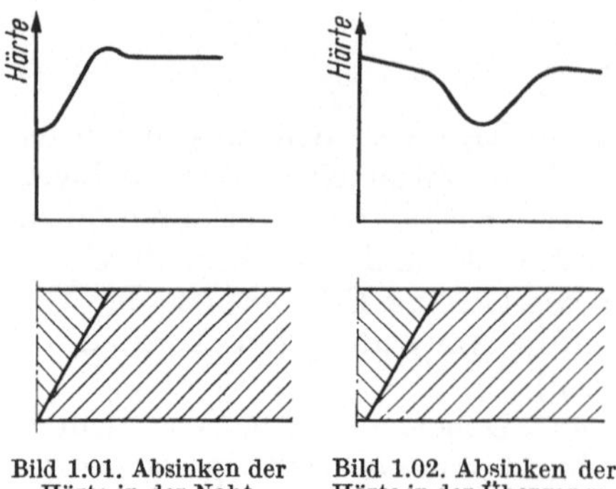

Bild 1.01. Absinken der Härte in der Naht

Bild 1.02. Absinken der Härte in der Übergangszone

Bilder 1.01 u. 1.02. Schematische Darstellung des Festigkeitsverhaltens ungenügender Schweißverbindungen

auswirkt, sondern auch durch die Tatsache, daß sich in einer dickwandigen Schweißkonstruktion eher ein dreiachsiger Spannungszustand einstellen kann als in einer dünnwandigen.

Daß der *Zusatzwerkstoff* auch von Bedeutung ist, ist naheliegend, desgleichen die verschiedenen Schweißverfahren mit ihren so sehr unterschiedlichen Einflüssen. Neben gewissen chemischen Einwirkungen sind hier vor allem die Wärmebilanz bzw. die Art der Wärmezuführung und -abführung entscheidend; schließlich auch die Betriebstemperatur und die Belastungsgeschwindigkeit. Zusammenzufassen ist, daß die „Schweißbarkeit" ein sehr komplexer Begriff ist, der von den verschiedensten Faktoren beeinflußt wird. „Schweißsicherheit" bezieht sich auf Stahlwerkstoffe. Es sind für diesen Begriff verschiedene Definitionen möglich, jedoch spielt hierbei die Sprödbruchempfindlichkeit (also Werkstoffragen, „Schweißempfindlichkeit") eine große Rolle (s. auch Abschn. 4.3).

1.3 Kennzeichen der Schweißbarkeit. Nach vorstehendem kann es eindeutige Kennzeichen der Schweißbarkeit nicht geben. Früher spielte die Aufschweißbiegeprobe nach Kommerell (s. DIN 17100) die größte Rolle, heute mehr die Kerbschlagprobe in den verschiedensten Abmessungen und Abwandlungen. Da beobachtet wurde, daß bei Temperaturrückgang die absinkende Kerbzähigkeit für die Schweißbarkeit charakteristisch ist, wurde der „Steilabfall" als kennzeichnend aufgenommen (s. Bild 1.03). Entscheidend hierbei ist nicht so sehr die Größe der „Hochlage", also der hohe Wert in kpm/cm² (oder seltener kpm/mm²), sondern die Temperatur, bei welcher der Steilabfall AB beginnt. Wünschenswert ist ein Stahl, bei welchem der Steilabfall erst bei niederen Temperaturen beginnt.

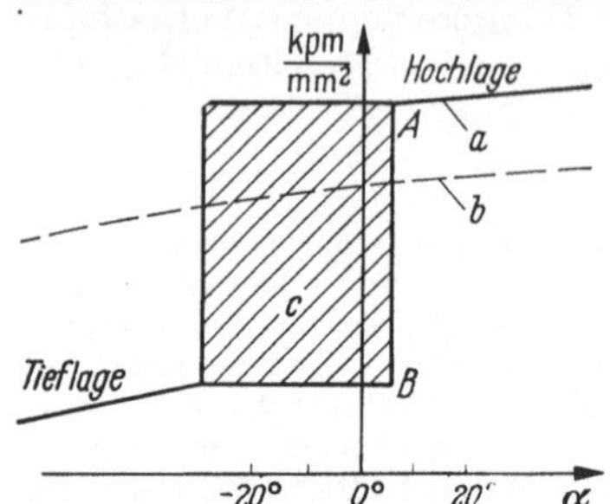

Bild 1.03. Schematische Darstellung des Steilabfalles der Kerbzähigkeit verschiedener Stahlsorten (*a* unlegierter, unberuhigter Stahl; *b* hochlegierter Chrom-Nickelstahl) in Abhängigkeit von der Temperatur. *c* Streubereich der Untersuchungsergebnisse

2. Elektrisches Metallschmelzschweißen

Die Bilder 2.01 und 2.02 geben schematisch einen allgemeinen Überblick.

2.1 Lichtbogenschweißen

2.11 Offenes Lichtbogenschweißen. Der Lichtbogen brennt offen, er kann von außen durch Schutzgläser beobachtet werden. Diese Schweißung ist die übliche und meist angewendete. Sie erfordert außer Bereitstellung der entsprechenden Geräte keine besondere Vorbereitung.

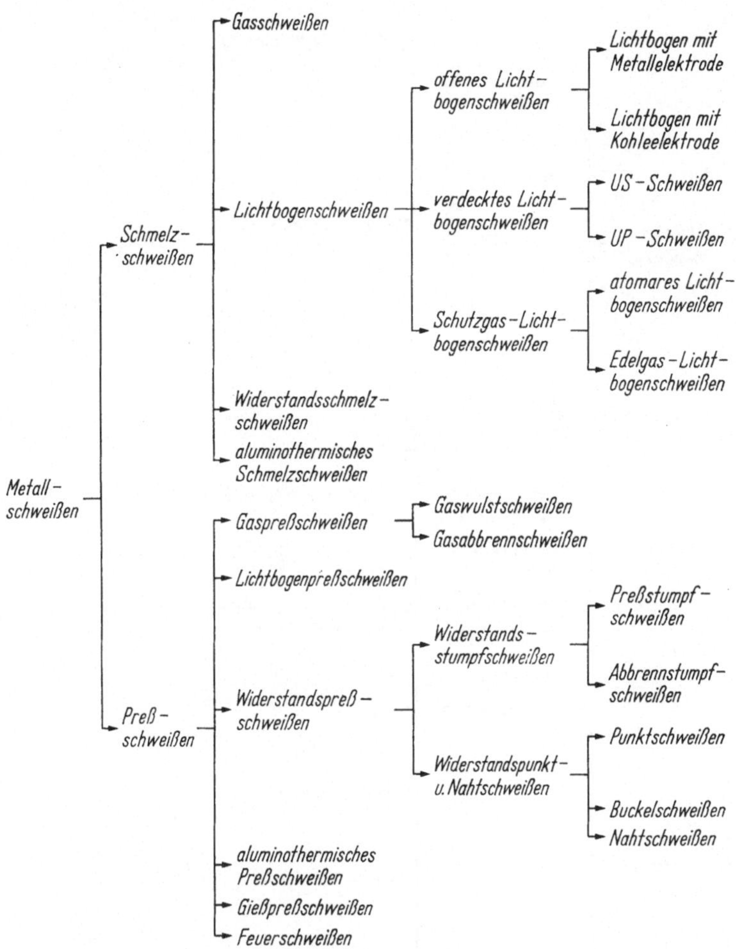

Bild 2.01. Schema der Schweißverfahren nach DIN 1910 (August 1954)

2.111 Kohlelichtbogenschweißen. 1. *Verfahren von Benardos* (Bild 2.03). Der positive (+) Pol der Stromquelle wird mit dem Werkstück, der negative (−) Pol mit einem Kohlestab verbunden. Berührt man bei Anschluß an eine geeignete Stromquelle das Werkstück mit dem Kohlestab, so entsteht ein Lichtbogen, in dessen Hitze die Berührungsstelle und ein evtl. zugegebener Draht schmelzen. Ein geeignetes *Flußmittel*, z. B. verdünntes Wasserglas, kann einen gewissen Schutz der Schmelzstelle vor den Einwirkungen der Luft ausüben. Durch eine „Blasspule" (stromdurchflossene Windung vor dem Lichtbogen) kann der Lichtbogen stabilisiert werden. Es können Stahl und in gewissem Umfange auch NE-Metalle geschweißt werden. Das Verfahren wird nur noch in Ausnahmefällen angewendet.

2. Verfahren von Zerener (Bild 2.04). Der Lichtbogen wird zwischen 2 Kohlestäben gezogen und durch eine Blasspule stichflammenartig ausgelenkt. Anwendungen nur noch in Ausnahmefällen.

2.112 Metallichtbogenschweißen (*Verfahren von Slavianoff*, Bild 2.05). Der eine Pol der Stromquelle liegt am Werkstück, der andere an einem Metallstab, der Elektrode. Berührt die Elektrodenspitze das Werkstück, so entsteht bei einer

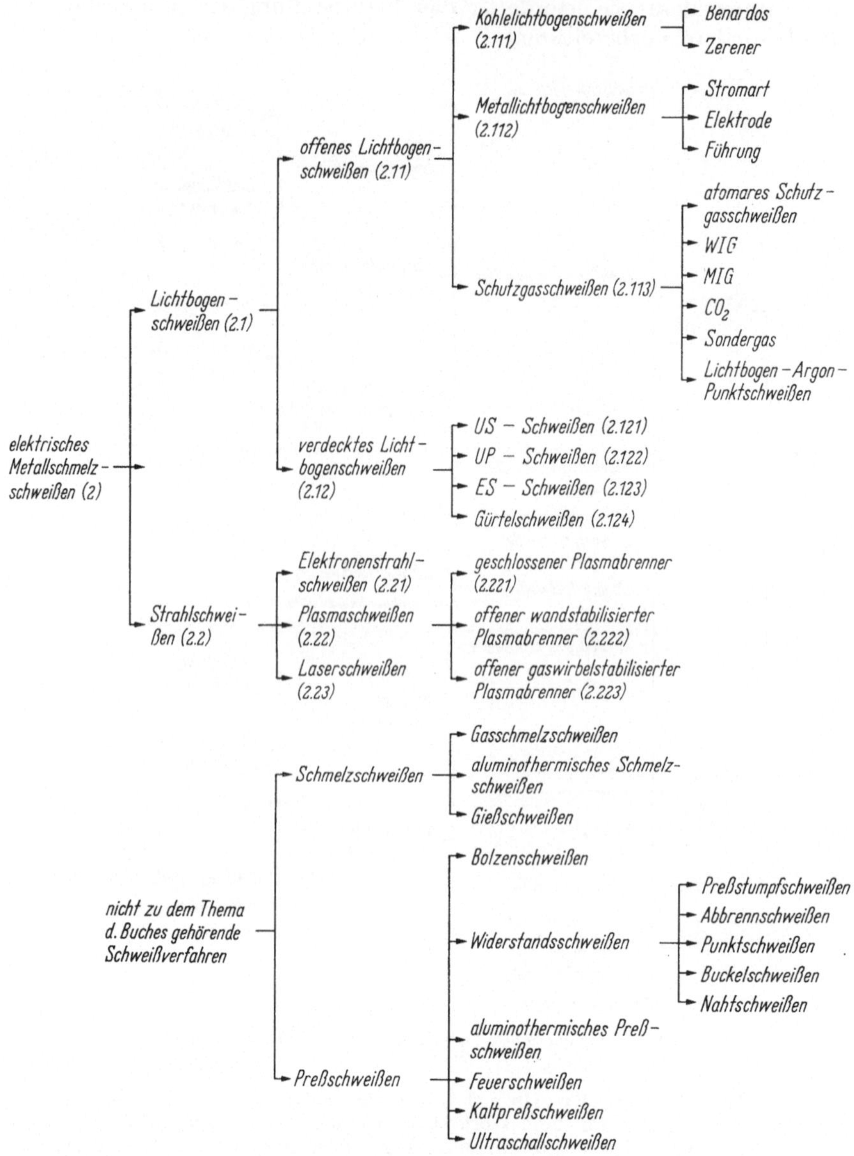

Kohlelichtbogenschweißen (2.111) — Benardos, Zerener

offenes Lichtbogenschweißen (2.11)

Metallichtbogenschweißen (2.112) — Stromart, Elektrode, Führung

Schutzgasschweißen (2.113) — atomares Schutzgasschweißen, WIG, MIG, CO_2, Sondergas, Lichtbogen–Argon–Punktschweißen

Lichtbogenschweißen (2.1)

verdecktes Lichtbogenschweißen (2.12) — US – Schweißen (2.121), UP – Schweißen (2.122), ES – Schweißen (2.123), Gürtelschweißen (2.124)

elektrisches Metallschmelzschweißen (2)

Strahlschweißen (2.2) — Elektronenstrahlschweißen (2.21), Plasmaschweißen (2.22), Laserschweißen (2.23)

Plasmaschweißen (2.22): geschlossener Plasmabrenner (2.221), offener wandstabilisierter Plasmabrenner (2.222), offener gaswirbelstabilisierter Plasmabrenner (2.223)

nicht zu dem Thema d. Buches gehörende Schweißverfahren

Schmelzschweißen — Gasschmelzschweißen, aluminothermisches Schmelzschweißen, Gießschweißen

Preßschweißen:
Bolzenschweißen
Widerstandsschweißen — Preßstumpfschweißen, Abbrennschweißen, Punktschweißen, Buckelschweißen, Nahtschweißen
aluminothermisches Preßschweißen
Feuerschweißen
Kaltpreßschweißen
Ultraschallschweißen

Bild 2.02. Schema der Schweißverfahren nach den nachstehenden Ausführungen

Bild 2.03. Verfahren von BENARDOS　　　Bild 2.04. Verfahren von ZERENER　　　Bild 2.05. Verfahren von SLAVIANOFF

geeigneten Stromquelle ein Lichtbogen, in dessen Hitze die Elektrodenspitze ab- und die Berührungsstelle des Werkstückes anschmilzt. Das Verfahren ist nach folgenden drei Gesichtspunkten zu kennzeichnen.

1. Verwendete Stromart. Gleich- oder Wechselstrom, wobei man bei Wechselstrom weiterhin nach der Frequenz unterscheiden kann. Meist wird Netzfrequenz verwendet, also in Europa meist 50 Per./sek. Für Sonderzwecke wird auch mit höheren Frequenzen gearbeitet, schließlich in Sonderfällen mit Hochfrequenzüberlagerung, indem man dem Schweißstrom einen schwächeren hochfrequenten Wechselstrom überlagert, der das Zünden des Lichtbogen erleichtert. Durch die verschiedene Polarität beim Gleichstromlichtbogen können verschiedene Effekte erzielt werden, die bei Verwendung verschiedener Elektroden und bei verschiedenen Grundwerkstoffen und Arbeiten ausgenutzt werden.

2. Art der Elektroden. Blanke oder mit Schlacken versetzte („Blankdrahtschweißung") oder mit Umhüllstoffen überzogene Elektroden, die verschiedene Aufgaben zu erfüllen haben (s. Kap. 6).

3. Führung der Elektrode. Üblicherweise von Hand („Handlichtbogenschweißung"). Wird die Elektrode von einer maschinellen Einrichtung geführt und der Lichtbogen in erforderlicher Länge von einer elektrischen Steuereinrichtung gehalten, so spricht man von maschineller Schweißung. Bei der *halbautomatischen* Schweißung wird lediglich die Lichtbogenlänge von der automatischen Einrichtung gesteuert, bei der *vollautomatischen* Schweißung werden Steuerung und Führung des Lichtbogens bzw. des Werkstückes maschinell ausgeführt. Halbautomatisch kann man die verschiedensten Nahtformen schweißen, vollautomatisch vornehmlich lange, durchlaufende, gleichmäßig dicke Nähte. Unterschiede bestehen in der Art der verwendeten Elektroden und der verwendeten Verfahren. Vorteile liegen in erhöhter Schweißgeschwindigkeit und in der Möglichkeit, mit angelernten Schweißern gute Ergebnisse zu erzielen.

2.113 Schutzgasschweißung. Zum Schutz des übergehenden hocherhitzten Metalls der Elektrode vor den Einwirkungen der Luft wird ein Schutzgas zugeleitet, das den Werkstoff während des Überganges und zum Teil auch während des Erkaltens umhüllt. Verwendet man z. B. Wasserstoff, so verbrennt dieser mit dem den Lichtbogen umgebenden Luftsauerstoff zu Wasserdampf und schützt den Lichtbogen. Der Wasserdampf wird dann unter Aufnahme von Wärme aus dem Lichtbogen bei 2200 °C wieder teilweise in Wasserstoff und Sauerstoff zerlegt (dissoziiert), um schließlich wieder unter Rückgabe der Wärme zu verbrennen und als überhitzter Wasserdampf abzuströmen.

1. Atomare Lichtbogenschweißung (Verfahren von LANGMUIR, Fabrikname „Arcatom-Verfahren", Bild 2.06). Der Lichtbogen wird zwischen 2 Wolframelektroden gezogen, die nur unwesentlich abbrennen. Wasserstoff wird durch den Lichtbogen geblasen. Durch die große Hitzewirkung zerlegt sich der Wasserstoff in seine Atome, die sich unter Wärmeabgabe hinter dem Lichtbogen wieder vereinigen. Diese Wärme und die strahlende Hitze des Lichtbogens bilden die Energiezufuhr. Die Verbrennung des Wasserstoffes ist wärmebilanzmäßig von untergeordneter Bedeutung; es wird dadurch lediglich die Schutzwirkung vor den Lufteinflüssen erzielt. Eine Sonderwechselstromquelle sorgt für die notwendige hohe Lichtbogenzündspannung. Das Verfahren wird heute wohl nur noch in Ausnahmefällen angewendet, z.B. für das Schweißen von Silber.

2. WIG-Verfahren („Wolfram-Inert-Gas"-Verfahren; Fabriknamen „Argonarc"-und „Heliarc"-Verfahren, Bild 2.07). Um eine nicht abbrennende

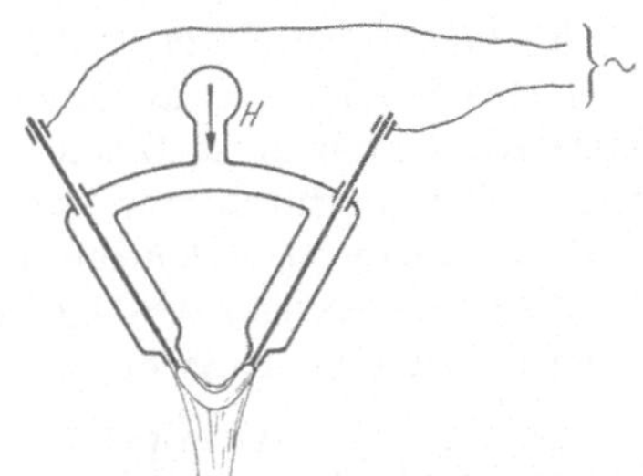

Bild 2.06. Verfahren von LANGMUIR
(Atomare Wasserstoffschweißung)

Wolframelektrode wird ein Schutzgas, meist Argongas, seltener Heliumgas, vorgesehen. Vorstehende Blechkanten (z. B. bei der Bördelnaht) werden eingeschmolzen, auch evtl. ein Zusatzdraht. Wechselstrom (mitunter mit Hochfrequenzüberlagerung)

ist gut verwendbar für Schweißungen von Aluminium- und Magnesiumlegierungen. Gleichstrom mit der Elektrode am Minuspol für Kupfer und Nickel und ihre Legierungen sowie für hochlegierte Stähle. Gleichstrom mit der Elektrode am Pluspol wird selten angewendet; dieses Verfahren hat die geringste Elektrodenbelastung.

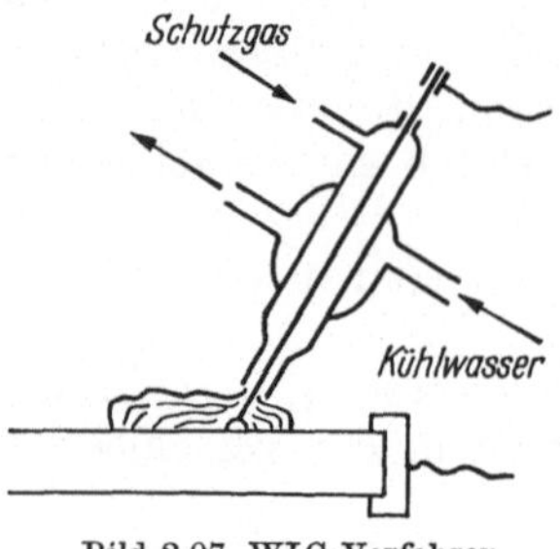

Bild 2.07. WIG-Verfahren

3. MIG-Verfahren („Metall-Inert-Gas"-Verfahren; Fabrikname SIGMA-Verfahren, Bild 2.08). Der Lichtbogen wird zwischen dem maschinell zugeführten Zusatzdraht (Elektrode) und dem Werkstück gebildet. Schutzgas, meist Argon, deckt das übergehende Metall ab. Die Anlagen arbeiten halbautomatisch (Führung der Schweißpistole von Hand, Zuführung des Drahtes vom Automaten) oder vollautomatisch, wobei auch die Pistole maschinell geführt wird. Der Draht wird mit hohem Strom belastet, so daß die Arbeitsgeschwindigkeit hoch ist. Die Strahlung des Lichtbogens ist sehr intensiv.

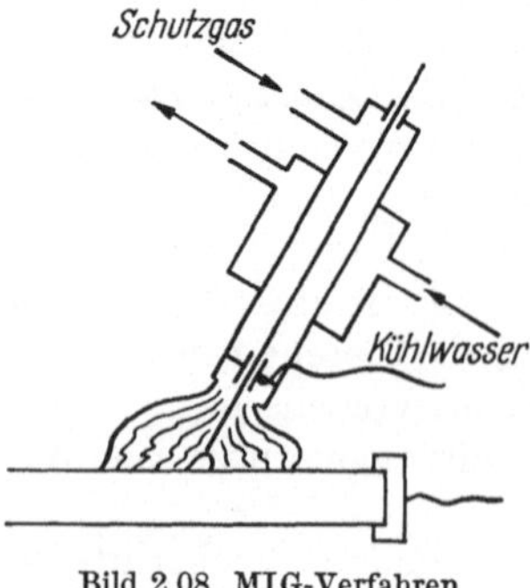

Bild 2.08. MIG-Verfahren

4. Schutzgas Kohlendioxyd. Es handelt sich auch wieder wie bei Wasserstoff (Wasserdampf) um ein dissoziierbares Gas. Es wird aus Ersparnisgründen anstelle von Argon beim MIG-Verfahren zum Schweißen von unlegierten Stählen, Fein- bis Grobblechen verwendet. Die Oberfläche ist sehr rauh, auch meist viele Spritzer, aber sehr hohe Arbeitsgeschwindigkeiten. Durch das billige Schutzgas ist das Verfahren besonders wirtschaftlich.

5. Schutzgas Sondergasgemisch. Durch Zusatz von Sauerstoff zu Argon (1 bis 5%) erreicht man ein Aufheizen der Badoberfläche, dadurch ein leichtes Fließen des Schmelzbades und ein besseres Entgasen. Ein Eindringen des Sauerstoffes in das Schmelzbad wird verhindert durch Legierungsbeigaben des Zusatzdrahtes, wie Mangan, Silizium, Kohlenstoff. Auch werden mitunter Schutzgase angewendet, bestehend aus Argon und 10 bis 60% Kohlendioxyd. Neben Verbilligung des Schutzgases besteht der weitere Vorteil, hiermit unlegierte Stähle besonders gut verschweißen zu können. Es sind auch schon Versuche unternommen worden, mit Wasserdampf, meist in überhitzter Form, als Schutzgas zu arbeiten. Zur praktischen Anwendung ist aber dieses Verfahren nicht gelangt.

6. Lichtbogen-Argon-Punktschweißung. Durch ein besonderes, elektrisch gesteuertes Gerät wird an einer Stelle ein Lichtbogen gezogen, der mit oder ohne Zusatzdraht das erste Blech durchschmilzt und das zweite darunterliegende Blech anschmilzt, wodurch eine Verbindung erzeugt wird. Das Verfahren wird in neuerer Zeit vor allem bei Leichtmetallen und ihren Legierungen angewendet.

2.12 Verdecktes Lichtbogenschweißen. Der Lichtbogen kann von außen nicht ohne weiteres beobachtet werden.

2.121 US-Schweißung („Unter-Schienen"-Schweißung, Bilder 2.09 u. 2.10). Eine stark umhüllte, mitunter 1 m lange Elektrode wird in die Nahtfuge (meist Kehlnaht) gelegt und mit einer entsprechend ausgebildeten Kupferschiene zugedeckt. Der elektrische Strom wird an dem blanken Elektrodenende zugeführt, der Anfang wird gegen das Werkstück, das an dem anderen Pol der Stromquelle liegt, gezündet; der Lichtbogen brennt und füllt, gedrückt durch die Schiene, die Fuge aus. Man kann auch in einer längeren Nahtfuge eine Elektrode an die andere legen, so daß der Anfang einer Elektrode von dem Ende der vorhergehenden gezündet wird. Die Kupferschienen können begrenzte Länge haben, müssen aber dann entsprechend dem Fortschreiten der Naht weitergesetzt werden. Das Verfahren hat den Vorteil, daß ein Bedienungsmann zwei

Schweißstellen gleichzeitig bedienen kann und daß die Güte der Naht von dem Können des Schweißers ziemlich unabhängig ist. Ein anderer Vorteil besteht noch darin, daß durch dieses Verfahren sonst unzugängliche Nähte (z. B. an Kastenträgern nach Bild 2.11) geschweißt werden können. Auch ist der verhältnismäßig geringe Investitionsaufwand als Vorteil zu werten.

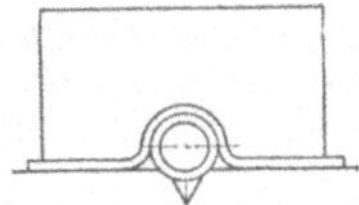

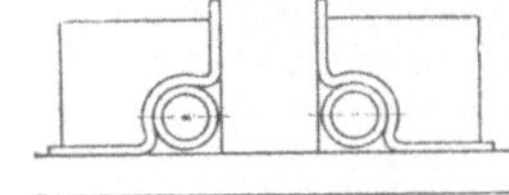

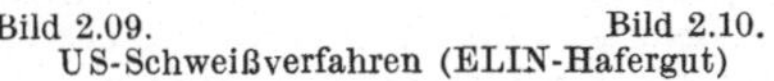

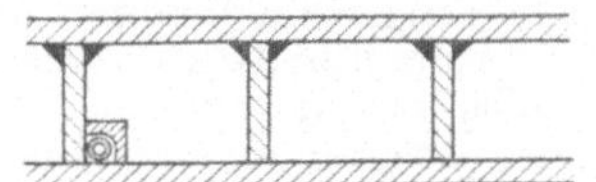

Bild 2.09.
US-Schweißverfahren (ELIN-Hafergut)

Bild 2.10.

Bild 2.11. Verdeckt liegende Schweißung nach dem US-Verfahren

Allerdings werden nicht die hohen Schweißgeschwindigkeiten erreicht wie bei anderen automatischen Verfahren, da die Schweißgeschwindigkeit eine Funktion der Stromstärke ist und diese wegen des langen Stromweges in der Elektrode nicht beliebig gesteigert werden kann. Außerdem sind die Nähte nicht unbedingt röntgensicher, so daß das Verfahren für Druckbehälter nicht in Frage kommt.

2.122 UP-Schweißung („Unter-Pulver"-Schweißung; Fabrikname auch Maulwurf-Verfahren, Bild 2.12). Nach entsprechender Absicherung wird ein bestimmtes dem Werkstoff angepaßtes Pulver auf die Naht (Stumpf- oder Kehlnaht) geschüttet und der stromführende blanke Draht durch einen Automaten zugeführt. Der Lichtbogen brennt unter dem Pulver. Das Pulver hat die Aufgabe, eine gute Ionisation der Luftstrecke zu erreichen, die Schweißung vor den Angriffen der Atmosphäre zu schützen und das Schmelzbad metallurgisch (also z. B. durch Beigaben von Legierungselementen) zu beeinflussen.

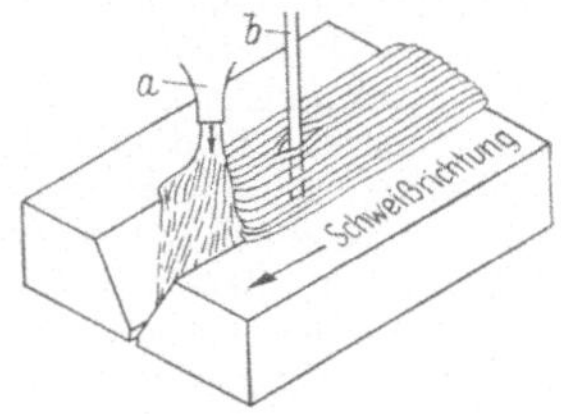

Bild 2.12. UP-Schweißverfahren
a Schweißpulver-Zuführung;
b Elektrode

Dementsprechend müssen die Pulver auf den verwendeten Draht und den Grundwerkstoff abgestimmt sein. Das überschüssige Pulver wird hinter dem Lichtbogen aufgesaugt und kann wieder verwendet werden. Da der Strom dem Draht erst kurz vor dem Lichtbogen zugeführt wird, können hohe Stromstärken angewendet und dadurch auch große Schweißgeschwindigkeiten erzielt werden. Es kann mit Gleich- oder mit Wechselstrom und in diesem Falle auch mit 2 Drähten geschweißt werden, wofür dann 3-Phasenwechselstrom verwendet wird. Hierbei liegt die eine Phase an dem Werkstück. Je nachdem, ob nun die beiden Drähte nebeneinander oder hintereinander angebracht sind, werden breite oder schmale, rasch gefüllte Raupen gebildet. Das UP-Schweißen ist heute zu einem wichtigen und vielfach angewendeten Verfahren der Massenfertigung im Kessel- und Stahlbau sowie im Schiffbau geworden. Es eignet sich vor allem für lange, gleichmäßig dicke Nähte bei verschiedenen Blechdicken.

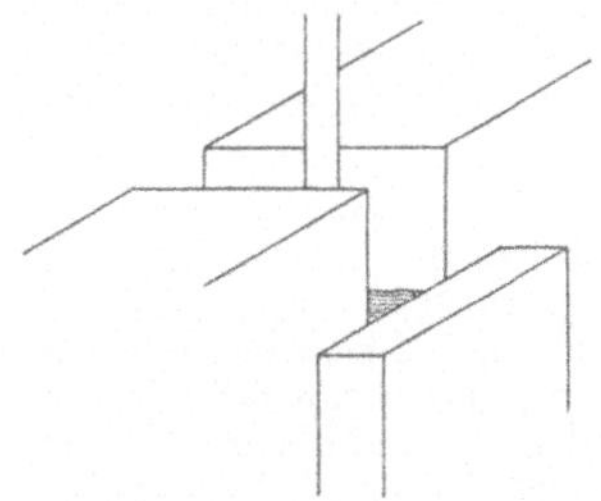

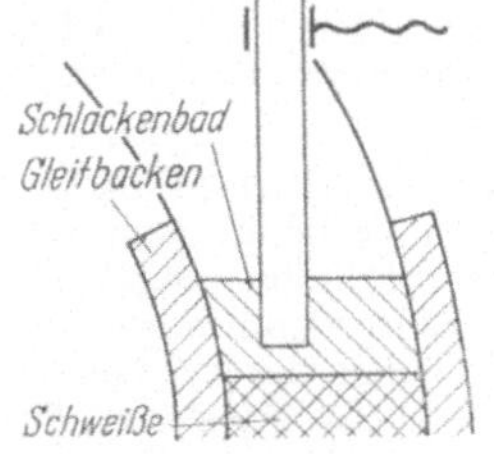

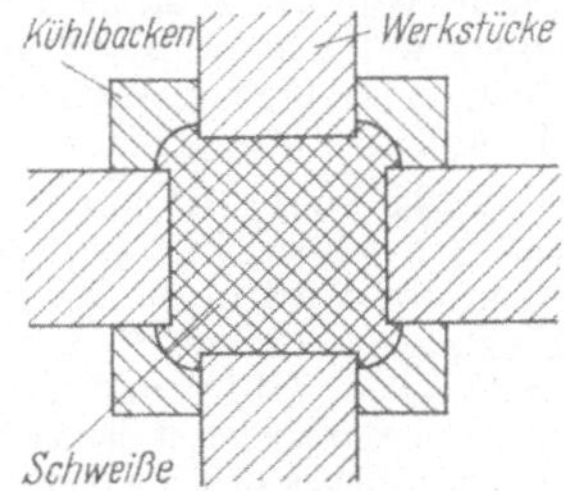

Bild 2.13. Längsnahtschweißung
nach dem ES-Verfahren

Bild 2.14. Rundnahtschweißung
nach dem ES-Verfahren

Bild 2.15. Kanalschweißung
(Horizontalschnitt)

2.123 ES-Schweißung („Elektro-Schlacke"-Schweißung, Bild 2.13). Je nach der vorliegenden Arbeit bestehen verschiedene Durchführungsarten.

Bei dem *Eindraht*verfahren für *senkrecht* stehende Längsnähte an Kesseln mit dicken Blechen wird durch wassergekühlte Gleitschuhe und durch die beiden zu verbindenden Stoßkanten der Bleche ein Raum geschaffen, der die flüssige Schlacke enthält. Nach einem kurzen Anfangslichtbogen wird die leitende Schlacke infolge Erwärmung durch den Übergangswiderstand des elektrischen Stromes flüssig und enthält dadurch so viel Wärme, daß die Werkstückränder angeschmolzen werden. Automatisch zugeführter stromführender Draht ergibt mit aufgeschmolzenem Grundwerkstoff den „Nahtwerkstoff". Der Anfang und das Ende der Naht werden über die eigentliche Nahtlänge herausgezogen und bilden „verlorene Köpfe", die nach Erledigung der Arbeit abgeschnitten werden.

Bei dem *Eindraht*verfahren für *Rundnähte* (Bild 2.14) spielt sich der Schweißvorgang ähnlich wie oben, jedoch in der Meridianlinie des Behälters ab. Während des Schweißvorganges dreht sich der Behälter entsprechend der notwendigen Schweißgeschwindigkeit, so daß die gezogene Naht nach unten wandert. Beim Mehrdrahtverfahren arbeitet man mit mehreren (max. 3) spannungsführenden Drähten.

Beim Schweißen mit *abschmelzendem* Draht werden je nach Werkstückdicke ein oder mehrere Blechstreifen (etwa 10×100 mm) im Schweißspalt so befestigt, daß die Werkstückränder nicht berührt werden; Stopfen aus Glasseide halten diesen Abstand konstant. Die Blechstreifen führen Spannung gegen das Werkstück. An die Streifen werden Stahlröhrchen geheftet, welche einen gebogenen Draht führen, der nicht an die Stromquelle angeschlossen ist; durch die Drahtkrümmung berühren diese Drähte aber das Rohrinnere und werden dadurch unter Spannung gesetzt. Der Blechstreifen liegt an dem einen Pol der Stromquelle, die beiden Werkstückteile an dem anderen.

Bei der *Kanalschweißung* (Bild 2.15) werden 4 dicke Bleche mit den Stirnseiten gegeneinander gestellt. Die wassergekühlten Kupferbacken liegen in den Kehlen außen und sind muldenförmig ausgearbeitet, so daß das ausbrechende Schmelzbad durch die Abschreckung vier nach außen gewölbte Kehlnähte bilden kann. In der Mitte des Quadrats steht ein Rohr als Drahtzuführung, das selbst unter Spannung steht und den zunächst spannungslosen Draht führt. Bei beiden zuletzt genannten Verfahren schmelzen Draht und Führung während des Schweißvorganges ab.

Als *Zusatzwerkstoff* können Massivdrähte, Seelen- oder Falzdrähte verwendet werden. Es können auch noch Zusatzpulver beigegeben werden, welche den Charakter des Schmelzbades (sauer oder basisch) beeinflussen sollen. Es kann Gleich- oder Wechselstrom, bei der 3-Drahtschweißung auch Dreiphasenwechselstrom verwendet werden. In geschmolzenem Zustand ist die Schlacke hochionisiert. Die metallurgischen Austauschreaktionen im Schmelzbad sind bei Gleichstrom von der Polung, der Elektrode und dem Charakter des Schlackenbades abhängig. Bei Wechselstrom liegen wieder andere Reaktionen vor.

Bei gleichem Werkstück wird dem Grundwerkstoff gegenüber der Hand- und der UP-Schweißung mehr Wärme je Zeiteinheit zugeführt. Der Grundwerkstoff wird daher in breiter Zone beeinflußt. Daher ist auch die Abkühlungsgeschwindigkeit relativ gering, so daß hierbei die Gefahr der örtlichen Härtesteigerung infolge Martensit- oder Zwischenstufengefügebildung gering ist. Die Tendenz zur Grobkornbildung ist erheblich, sie kann durch Beigaben bestimmter Legierungszusätze vermindert werden.

Die Schmelze besteht etwa je zur Hälfte aus Zusatz- und aus Grundwerkstoff. Daher spielt der Grundwerkstoff eine wichtige Rolle. Stähle, die bei Handschweißung zur Aufhärtung neigen, sind hierbei ohne Gefahr der Härtezonenbildung anzuwenden.

Das Gefüge zeichnet sich durch große Reinheit aus. Mechanische Festigkeitswerte können durch Wahl des Zusatzwerkstoffes, der Stromart, Polung und Stromgröße und durch Zusatzpulver weitgehend beeinflußt werden. Kerbzähigkeit ist in dem Nahtgefüge meist gut, in dem Übergangsgefüge nicht immer. Das Verfahren wird für unlegierte oder niedriglegierte Stähle bei Wanddicken über 20 mm angewendet.

2.124 Automatische Gürtelschweißung (MKA-Verfahren[1]). Das Verfahren wurde für das Schweißen von Rundnähten an größeren Rohrleitungen entwickelt. Eine gekrümmte Elektrode wird in die Nahtfuge der Stoßnaht eingelegt und der Lichtbogen am Anfang der Elektrode gezündet. Es wird mit Wechselstrom mit einer Frequenz von 100 gearbeitet. Durch eine größere Zahl von Magneten, die neben der Naht angeordnet sind („Magnetgürtel") und die von einem Teilstrom des Schweißwechselstromes durchflossen werden, wird ein Magnetfeld erzeugt, welches den Lichtbogen in die Fuge (auch überkopf) preßt und den ausreichenden Einbrand sichert. Zur Zeitersparnis kann mit mehreren Elektroden und Lichtbögen gearbeitet werden. Es handelt sich also um eine automatische, möglichst schnelle Herstellung der Wurzellage einer Rohrverbindung.

---

[1] MKA = magnetic-kontroll-arc = magnetisch gesteuerter Lichtbogen.

2.2 Strahlschweißen

2.21. Elektronenstrahlschweißen. An eine in einer Vakuumkammer (Bild 2.16) befindliche Glühkathode wird Hochspannung angelegt und damit ein austretender Elektronenfluß erzeugt, der durch Spulen und Kondensatoren gebündelt werden kann. Trifft dieser Strahl im Vakuum auf ein Metallstück, so tritt wegen der hohen Energiedichte sofort ein Schmelzen ein, das entweder zum Schweißen oder zum Schneiden verwendet werden kann. Das Werkstück muß in der Vakuumkammer untergebracht werden. Wenn auch im Ausland schon ziemlich große Vakuumkammern gebaut sind, wird das Verfahren doch in erster Linie für Werkstücke kleiner Abmessungen gebraucht, vornehmlich für solche Werkstoffe, die eine besonders große Affinität zu Sauerstoff haben, also nach Möglichkeit im Vakuum geschweißt werden sollen. Durch den Bau größerer Vakuumkammern oder auch durch Abdichten der örtlichen Schweißstelle nach außen können auch größere Teile geschweißt werden. Außerdem laufen z. Z. Versuche, außerhalb der Vakuumkammer mit dem Elektrodenstrahl zu schweißen. An sich können alle Werkstoffe geschweißt werden. Praktisch wird dieses Verfahren für hochlegierte Stähle, für Titan, Zirkonium und für Leichtmetallegierungen verwendet.

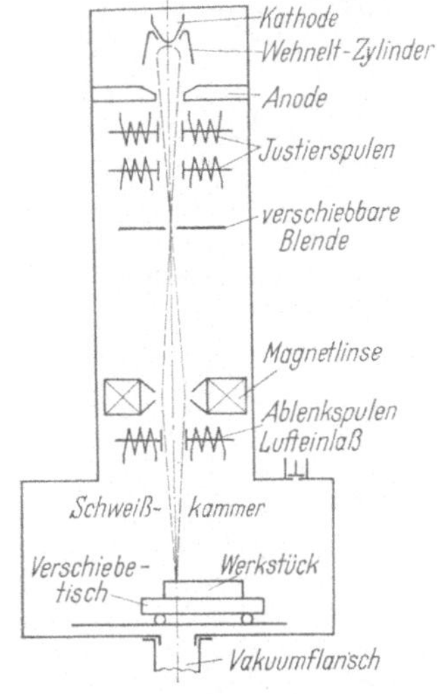

Bild 2.16. Elektronenstrahlschweißgerät (Schema) (Zeiss, Oberkochen)

2.22 Plasmaschweißen. Plasma ist eine Gassäule, in welcher der Lichtbogen brennt, und die daher mit Elektronen, Ionen, Atomen und Molekülen versetzt, also für den elektrischen Strom gut leitend ist. Beim „thermischen Plasma" wird die Zerlegung der Atome in Elektronen und Ionen nur durch entsprechend hohe Temperatur erreicht. Dazu gehört auch die Gassäule im frei brennenden Lichtbogen. Durch die beim Stromdurchgang entstehenden elektrischen Kraftfelder wird das Plasma beeinflußt. Setzt man das Trägergas unter höheren Druck, so entstehen höhere Temperaturen. Für dieses Schweißen kennt man 3 verschiedene Verfahren.

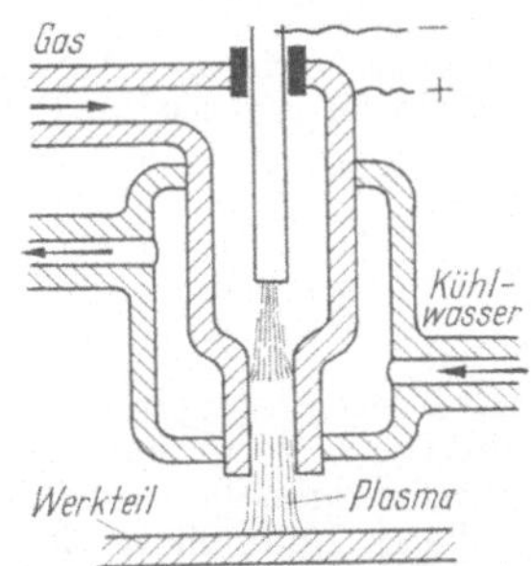

Bild 2.17. Geschlossener Plasmabrenner (Schema)

2.221 Geschlossener Plasmabrenner (Bild 2.17). Der negative Pol einer Gleichstromquelle liegt an einer Wolframkathode, der positive Pol an dem wassergekühlten Gehäuse als Anode. Das Trägergas wird durch den engen Kanal, in welchem der Lichtbogen brennt, hindurchgeblasen und erleidet durch die hohe Temperatur die Ionisation. Das hocherhitzte Gas tritt aus dem Brennermundstück ins Freie und in diesem heißen Gasstrahl kann nun das Werkstück geschweißt oder eine Fuge gebrannt werden.

2.222 Offener wandstabilisierter Plasmabrenner (Bild 2.18). Ähnlich wie oben, jedoch liegt der positive Pol (Anode) an dem Werkstück. Das Werkteil wird also sowohl durch das heiße Trägergas als auch durch den Lichtbogen angeschmolzen. Durch die wassergekühlte Wand wird der Lichtbogen zusammengeschnürt und mit dem Trägergas in direkte Verbindung gebracht.

2.223 Offener gaswirbelstabilisierter Plasmabrenner (Bild 2.19). Auch hier bildet das Werkstück die Anode. Durch entsprechende Führung des Trägergases entsteht ein Wirbel, der weitgehend den Lichtbogen im Kanal von der wassergekühlten Wand fernhält, so

daß eine größere Konzentration der angebotenen Energie stattfindet. Durch Wahl verschie
dener Trägergase und auch durch verschiedene Spannungen und Stromstärken können verschiedene Wirkungen erzielt werden.

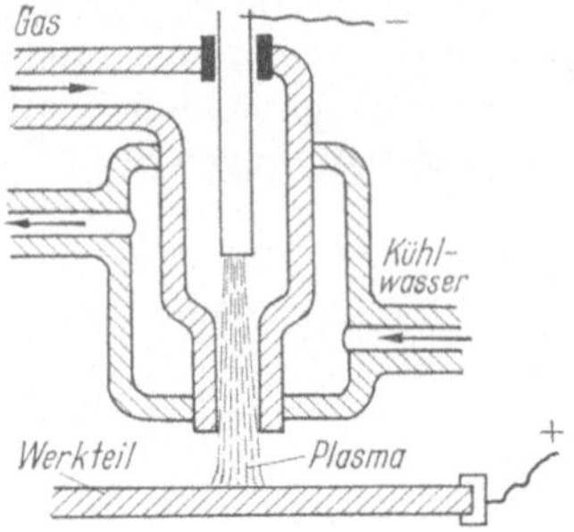

Bild 2.18. Offener wandstabilisierter
Plasmabrenner (Schema)

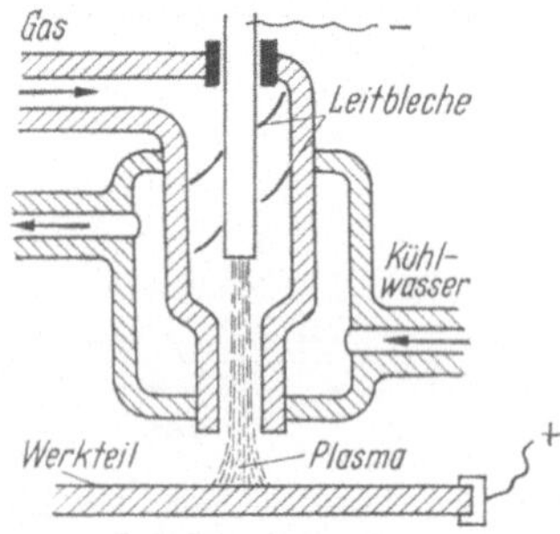

Bild 2.19. Offener gaswirbelstabilisierter
Plasmabrenner

Das Prinzip dieser Verfahren ist in der Technik schon seit längerer Zeit bekannt; zuerst wurde vor etwa 60 Jahren das Plasma zur Erzeugung von Stickoxyden aus der Luft angewendet, zum Schweißen dagegen erst in jüngster Zeit. Da mit wesentlich größeren Energieerzeugern als beim Lichtbogenschweißen gearbeitet wird, ist die Schweißgeschwindigkeit sehr hoch, auch werden viel höhere Temperaturen erzeugt. An sich können alle Werkstoffe damit geschweißt werden. Praktisch aber sind diese Verfahren wegen der hohen Kosten auf Werkstoffe mit hohen Schmelzpunkten beschränkt, wie z. B. Wolfram, Molybdän, Chrom und ihre Legierungen. Beim Trennen handelt es sich hierbei um einen Schmelzvorgang, so daß auch Werkstoffe, die autogen nicht gebrannt werden können, hier mit großer Geschwindigkeit getrennt werden können, also z. B. Leichtmetalle und ihre Legierungen, hochlegierte Stähle. Schließlich ist noch zu erwähnen, daß der Plasmabrenner auch als Wärmequelle zum Metallspritzen verwendet werden kann. Praktisch werden aber auch hierbei nur Stoffe mit hohem Schmelzpunkt mit diesem Verfahren bearbeitet. Daß das Plasma auch auf anderen Gebieten der neuzeitlichen Technik eine große Rolle spielt, sei am Rande vermerkt.

2.23 Laserschweißen[1]. Bestimmte Kristalle, z. B. Rubin (neuerdings werden auch verschiedene andere Stoffe, auch Flüssigkeiten dafür angewendet), die zwischen ein hochfrequentes Wechselfeld gebracht werden, senden ein kohärentes monochromatisches Licht[2] von sehr großer Energiedichte aus, das auch zum Schweißen und Schneiden benutzt werden kann. Das Verfahren befindet sich noch in der Entwicklung; im Ausland wird es für Sonderfälle angewendet (geringerer Aufwand als das Elektronenstrahlschweißen). In Europa ist es z. Z. noch nicht im praktischen Einsatz.

3. Elektrotechnik

3.1 Der elektrische Lichtbogen

Die Entstehung des Lichtbogens kann man sich vereinfacht etwa folgendermaßen vorstellen: Durch Berührung des Werkstückes mit der Elektrode ist der Stromkreis geschlossen. Die Berührungsstelle ist die Stelle des größten elektrischen Widerstandes, infolgedessen wird sie glühend. Dadurch werden Teilchen, aus deren Bewegung man sich die Erscheinung der Elektrizität erklärt, die „Elektronen", frei, welche sich mit großer Geschwindigkeit vom negativen Pol (der „Kathode") zum positiven Pol (der „Anode") hinbewegen. Durch den Aufprall auf Luft oder Gasteilchen werden weitere Elektronen frei, die dann natürlich auch wieder zu dem positiven Pol hinstreben. Die Restteilchen, die „Ionen", wandern zum negativen Pol. Die Masse der Ionen ist größer als die der Elektronen, dafür ist aber die Geschwindigkeit der Elektronen viel viel größer als die der Ionen, woraus sich erklärt, daß durch den Aufprall der Elektronen der positive Pol höher erhitzt wird als der negative. Aus diesen Darlegungen ergibt sich, daß zu diesem Aufspalten in Elektronen und Ionen stets Wärme gehört. Beim Zünden wird diese Wärme durch den Übergangswiderstand an der Berührungsstelle hervorgebracht, beim Schweißen durch den Aufprall der Ionen.

Da also zuerst stets dieser Austritt der Elektronen aus einem Punkt des negativen Pols („Elektronenemission") stattfindet, so ist dieser Punkt („Kathodenfleck") von besonderer

---

[1] Laser = light amplification by stimulated emission of radiation = Lichtverstärkung durch induzierte Emission von Strahlung.

[2] Kohärent = zusammenhängend, monochromatisch = einfarbig, d. h. mit einer bestimmten Wellenlänge.

Bedeutung. Hat man die Elektrode am Minuspol, so ist das die „natürliche Polung", da die Elektrodenspitze zwanglos den Kathodenfleck darstellt. Legt man aber den Pluspol an die Elektrode, so besteht zunächst für den jetzt auf dem Werkstück befindlichen Kathodenfleck keine Veranlassung zu wandern, wenn die Elektrode von der Hand des Schweißers bewegt wird, d. h. der Lichtbogen reißt ab. Daher ist der Lichtbogen bei der Blankdrahtschweißung mit dieser Polung schwieriger aufrechtzuerhalten. Bei umhüllten Elektroden ändern sich die Verhältnisse, da hier die Lichtbogenstrecke durch die vielen aus der Umhüllung herrührenden Teilchen in viel stärkerer Weise „ionisiert" ist als beim blanken Draht.

3.11 Werkstoffübergang im Lichtbogen. Durch die Hitze wird die Spitze der Elektrode flüssig. Sie leitet den elektrischen Strom in annähernd parallelen Bahnen. Diese ziehen sich an und schnüren daher an einer Stelle den Werkstoff, die Elektrodenspitze, ein. Das ist die erste Phase des Überganges (Bild 3.01). Die zweite besteht darin, daß nun die Spitze in die Nähe des massiven Werkstücks kommt; der in der Bildung befindliche Tropfen wird von dem Schmelzbad auf dem Werkstück, welches ja immer größer als der Tropfen der Elektrodenspitze ist, angezogen (Bild 3.02). Die dritte Phase (Bild 3.03) bildet nunmehr ein Kurzschluß zwischen Elektrode und Werkstück. Dieser Kurzschluß bedingt eine erhebliche Stromvergrößerung, durch welche die eingeschnürte Brücke zwischen Elektrode und Werkstück durchbrennt. Die vierte Phase (Bild 3.04) ist durch ein völliges Auf-

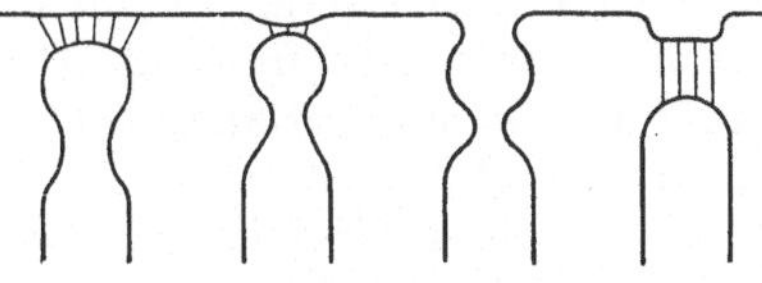

Bild 3.01   Bild 3.02   Bild 3.03   Bild 3.04

Bilder 3.01 bis 3.04. Schematische Darstellung des Werkstoffüberganges im Lichtbogen beim Überkopfschweißen

saugen des Tropfens durch das Schmelzbad des Werkstückes infolge „Oberflächenspannung" des Schmelzbades gekennzeichnet. In Wirklichkeit spielt sich dieser Vorgang sehr rasch ab; bei einer normalen Schweißung kann man mit 7 bis 40 Tropfen je Sekunde rechnen. Wie gezeigt hängt also der Werkstoffübergang weder von der Stromrichtung noch von der Lage des Lichtbogens (z. B. senkrecht nach oben oder nach unten) ab, sondern nur von dem Einschnürungseffekt und dem Aufsaugevorgang. Daher ist ja auch ein Überkopfschweißen, wie in den Bildern 3.01 bis 3.04 gezeigt, mit verschiedener Polung möglich.

3.12 Blaswirkung. Jeder stromdurchflossene Leiter umgibt sich mit Kraftlinien nach Bild 3.05. Da der Lichtbogen ein leichtbeweglicher Leiter ist, wird er in seiner Richtung von diesen Kraftlinien beeinflußt, er wird „weggeblasen". Man kann sich das an einem Versuch nach Bild 3.06 klarmachen. Brennt ein Kohlelichtbogen in der Mitte der Schiene, also an der Stelle der Stromzuführung, so

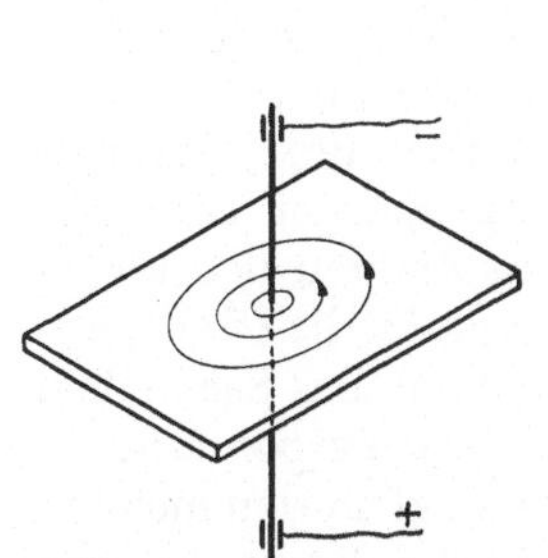

Bild 3.05. Kraftlinien um einen stromdurchflossenen Leiter

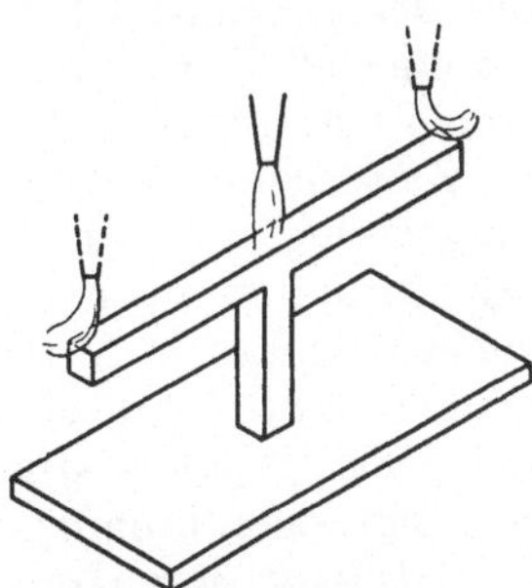

Bild 3.06. Blaswirkung, hervorgerufen durch verschiedenen Ort der Schweißstelle. Einwirkung des Stromweges im Werkstück

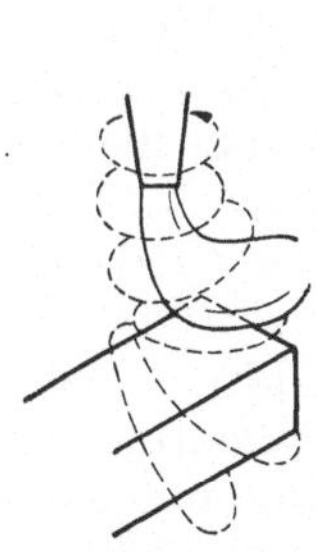

Bild 3.07. Blaswirkung am Ende einer Stromschiene, Kohle steht senkrecht

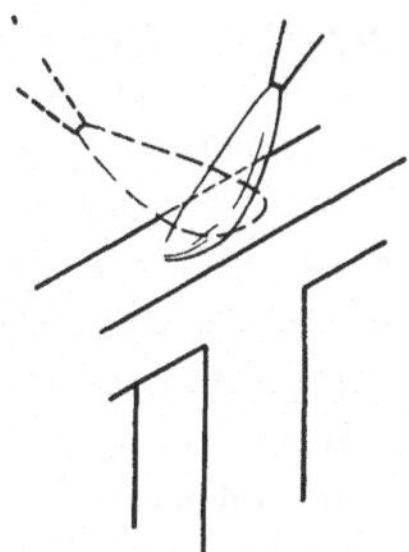

Bild 3.08. Blaswirkung in der Mitte der Schiene, Kohle steht schräg

brennt der Lichtbogen gerade. An den Enden der Schiene wird der Lichtbogen nach außen gedrückt, da sich an der Innenseite der gekrümmten Strombahn die Kraftlinien verdichten und daher einen Druck nach außen ausüben (Bild 3.07). Bei Bild 3.08 ergibt sich ähnliches. Je stärker die Krümmung der Strombahn ist, desto stärker die Blaswirkung. Die Richtung des Lichtbogens wird also von der Richtung (Neigung) der Elektrode und von der Stromrichtung im Werkstück beeinflußt. In den seltensten Fällen ist die Stromrichtung beim praktischen Arbeiten so ausgeprägt klar wie bei dem Versuch nach Bild 3.06. Es ist jedoch zu vermerken, daß der Schweißer in gewissem Grade die Blaswirkung dadurch beeinflussen kann, daß er die Richtung der Elektrode verändert, da die Stromrichtung im Werkstück im allgemeinen schwerer verändert werden kann. Nackte Elektroden werden in der Regel so verschweißt, daß die Blaswirkung nach vorn, also in Schweißrichtung, gerichtet ist. Umhüllte Elektroden verlangen eine umgekehrte Blasrichtung, um die Schlacke auf die fertige Naht zu treiben. Wechselstrom ergibt eine schwächere Blaswirkung als Gleichstrom. Durch viele Anschlußpunkte (Heftstellen) wird die Blaswirkung auch abgeschwächt. Man kann die Blaswirkung auch dadurch abschwächen (besser gesagt: nicht in Erscheinung treten lassen), daß man den Werkstückanschluß nicht fest mit dem Werkstück verbindet, sondern ihn gegenüber der Schweißstelle entlangführt; allerdings ist diese Maßnahme nur in seltenen Fällen möglich.

Außer dieser Ursache der Blaswirkung machen sich — allerdings in wesentlich schwächerer Weise — noch gewisse Aufladungserscheinungen und auch magnetische Rückwirkungen auf den Lichtbogen bemerkbar.

Beim Kohlelichtbogen nutzt man die Blaswirkung durch die Zuleitung des elektrischen Stromes zur Schweißkohle in den „Blasspulen" dazu aus, den Lichtbogen zu „stabilisieren". Eine ebensolche Anwendung kommt für die Stahlschweißung nicht in Frage, da die Wirkung an und für sich schwächer ist, und die Elektrode stark spritzen würde.

3.2 Die Stromquellen

3.21 Begriffe. Unter *Leerlauf* versteht man den Zustand der Stromquelle, in dem sie sich befindet, wenn sie eingeschaltet ist, man jederzeit schweißen kann, aber der Lichtbogen nicht brennt. Hierbei ist es gleichgültig, ob es sich um eine drehende Maschine, Umformer (Motorgenerator, Schweißdynamo) oder einen ruhenden Umspanner (Transformator) handelt. *Leerlaufspannung* ist die Spannung, die die Stromquelle im Zustand des Leerlaufes hat. Sie sollte wegen der Gefährlichkeit für den Schweißer nicht über 42 V betragen, sie ist aber bei vielen Maschinen bis zu 80 V. Der *Leerlaufstrom* ist natürlich Null, da ja eben im Zustand des Leerlaufes kein Strom fließen soll. *Zündspannung* ist die Spannung, die zum Zünden des Lichtbogens zur Verfügung steht; sie ist meist gleich der Leerlaufspannung. Je höher die Zündspannung ist, um so leichter das Zünden des Lichtbogens; die obere Grenze ist durch amtliche Vorschriften festgelegt. Ist die Zündspannung kleiner als etwa 35 V, so ist ein Zünden und damit ein praktisches Schweißen kaum möglich. *Lichtbogenspannung*, auch *Schweißspannung* oder *Arbeitsspannung* genannt, ist die Spannung, unter der der Lichtbogen brennt; sie liegt in den meisten Fällen bei 20 ⋯ 35V. *Schweißstrom*, auch *Arbeitsstrom* genannt, ist der Strom, der zum Schweißen benutzt wird. Seine Größe hängt von der Arbeit, von der Elektrode ab. Unter *Kurzschluß* versteht man ein Verbinden der beiden Klemmen der Stromquelle. Das kommt beim Schweißen sehr häufig vor beim Zünden, beim Festkleben der Elektrode. *Kurzschlußspannung* ist nahezu Null, *Kurzschlußstrom* ist recht verschieden. Bei manchen Maschinen ist er annähernd gleich dem Arbeitsstrom, bei anderen größer, bei anderen kleiner. Dies hängt von der Art der Stromquelle ab. Temperaturverhalten s. VDE-Regel 0540 ⋯ 0542.

$\cos \varphi$ = Wirkleistung/Scheinleistung. $(\cos \varphi)$-Angaben auf den Leistungsschildern beziehen sich grundsätzlich auf die Nennleistung des Umformers. Bei Leerlauf ist der $\cos \varphi$ stets geringer. Die Angaben bei Schweißtransformatoren und Schweißgleichrichtern beziehen sich auf Nennleistung und zusätzlich auf eine Leistung bei

150 A Schweißstrom. Bei Transformatoren ist der $\cos\varphi$ etwa = Lichtbogenspannung /Leerlaufspannung. Da man aus Gründen des leichteren Zündens stets eine möglichst hohe Zündspannung anstrebt (Grenzen durch Unfallverhütungsvorschriften gegeben, bei Wechselspannung z. Z. 70 V) ergibt sich daraus die Handregel, daß je leichter der Trafo schweißt, er einen schlechteren $\cos\varphi$ besitzt. Laut Vorschriften der Elektrizitätswerke müssen 2phasig an Niederspannungsnetze angeschlossene Schweißtrafos mindestens $\cos\varphi = 0{,}8$ besitzen. Ausgleich durch Parallelschalten eines Kondensators („Kompensation"). In größeren Betrieben wird, statt die einzelnen Trafos zu kompensieren, mitunter der ganze Betrieb kompensiert, da ja häufig durch schwach belastete Motoren der Fertigungsabteilungen der Blindstrom in die Höhe gedrückt wird und meist besonders bezahlt werden muß.

3.22 Kennlinie. Das Verhalten einer Stromquelle beim Schweißen, d. h. die Abhängigkeit der Spannung von dem Strom, zeigt die *Kennlinie* (Charakteristik) der Stromquelle. Je nachdem, ob man den Strom langsam (im Laboratorium)

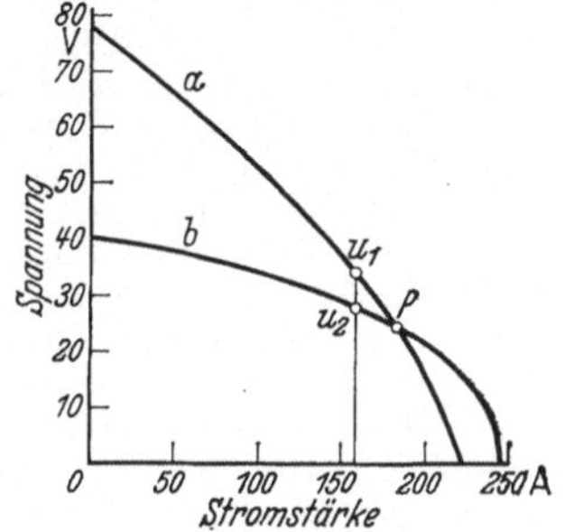

Bild 3.09. Statische Kennlinien zweier verschiedener Stromerzeuger

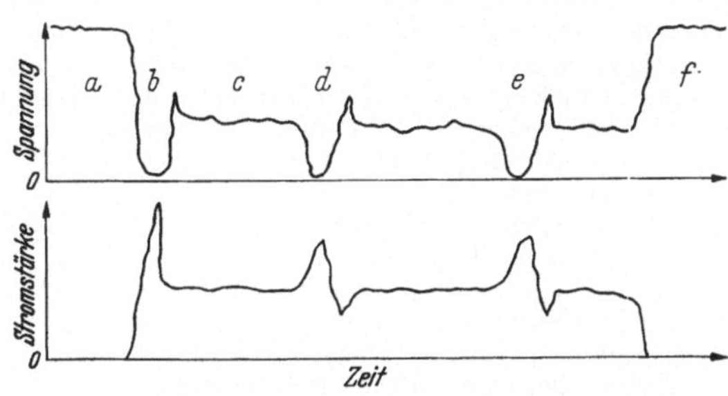

Bild 3.10. Schematische Darstellung des Zustandekommens einer dynamischen Kennlinie. Elektrodenstellung *a* Leerlauf; *b* Kurzschluß zum Zünden; *c* Lichtbogen brennt; *d* und *e* Tropfenübergänge; *f* Schluß des Schweißens, Leerlauf

oder schnell (beim praktischen Schweißen) ändert, erhält man die *statische* oder die *dynamische* Kennlinie. Beide sind zur Beurteilung der Stromquelle sehr wichtig (Bilder 3.09 u. 3.10). Die obigen Erläuterungen erklären auch die Bilder: es ist angenommen, daß Zündspannung = Leerlaufspannung ist. Der wichtigste Punkt ist der Arbeitspunkt P (Bild 3.09) (s. Arbeitsspannung und Arbeitsstrom). Es ist nun klar, daß, wenn der Strom verkleinert wird (weil vielleicht der Lichtbogen verlängert und dadurch der elektrische Widerstand erhöht wurde), bei der Kennlinie *a* eine höhere Spannung (U_1) zur Verfügung steht als bei der Kennlinie *b* (U_2). Infolge der höheren Spannung wird der Lichtbogen bei *a* noch bestehen bleiben können, wenn er bei *b* schon abgerissen ist. Äußerlich beobachtet dann der Schweißer, daß man im Falle *a* den Lichtbogen *weich* ausziehen kann, während im Falle *b* der Lichtbogen *hart* abreißt. Daher und von dem Kurvenverlauf beim Arbeitspunkte P kommt auch die Ausdrucksweise: *Steile* Kennlinie = *weicher* Lichtbogen, *flache* Kennlinie = *harter* Lichtbogen. Man spricht dann noch von hart- oder weicharbeitender Maschine. Bei einer hartarbeitenden Maschine muß der Schweißer den Lichtbogen kurz halten (er kann also entweder gar nicht oder nur gut schweißen); mit einem weichen Lichtbogen kann beinahe jeder schweißen; auch schwer zu verschweißende Elektroden lassen sich da verschweißen. Die dynamischen Kennlinien, die mit besonderen, sehr empfindlichen Meßinstrumenten (Oszillographen) aufgenommen werden, geben das Verhalten von Strom und Spannung im zeitlichen Verlauf an (Bild 3.10). Bei einer guten Schweißmaschine zeigen sie keine sehr großen Strom- und Spannungsschwankungen, vor allem sollen sie zeigen, daß Strom und Spannung möglichst schnell ihren normalen Wert wieder erreichen. Maschinen, bei denen die Kennlinien stark verzerrt sind, nennt man *träge* Maschinen.

3.23 Die Leistungsschilder enthalten die für den Schweißer wichtigsten Angaben: die größte Stromstärke, die er aus der Maschine entnehmen kann, und die Einschaltdauer. Dabei werden verschiedene Abkürzungen gebraucht, deren Kenntnis wichtig ist: HSB heißt Handschweißbetrieb. Man versteht hierunter den beim üblichen Schweißen von Hand stattfindenden Rhythmus, und zwar 64 sek Schweißen, 2 sek Kurzschluß und 54 sek Leerlauf. Nennhandschweißstrom ist dann der dazu gehörende Strom. DB heißt Dauerbetrieb. Mit der Stromstärke (oder einer kleineren), die hierzu gehört, kann geschweißt werden ohne jede Rücksicht auf die Zeit. Man könnte innerhalb dieser Grenze die Maschine sogar dauernd kurzschließen, ohne daß sie dabei überlastet wäre. Anders, wenn z. B. die Angabe lautet: „DAB – 75% ED – 250 A". DAB = Dauernd aussetzender Betrieb; ED = Einschaltdauer. Die Angabe bedeutet folgendes: Wenn eine elektrische Maschine belastet wird, so erwärmt sie sich durch den die Wicklungen durchfließenden Strom. Diese Erwärmung schadet nicht, solange mit Rücksicht auf die Isolation eine gewisse Temperatur, etwa 80°, nicht überschritten wird. Wird infolge übermäßiger Stromentnahme die Temperatur zu hoch, so muß die Maschine so lange ausgeschaltet sein, bis die ursprüngliche Temperatur wieder erreicht ist. Also für das obengenannte Beispiel würde sich folgendes ergeben: Die Maschine kommt etwa nach 3stündigem ununterbrochenem Arbeiten auf eine Temperatur höher als 80°; schaltet man dann die Maschine ab und läßt sie 1 h ruhig stehen, so kann man sie danach von neuem wieder einschalten; die Einschaltdauer von 75% wurde gewahrt. Nun hat man beim Handschweißen doch immer gewisse Zwangspausen (Elektrodenwechseln usw.), so daß hier nie Dauerbelastung vorliegt. Man rechnet dann so, daß, wenn 70% oder höhere ED gegeben ist, man für Handschweißung sich bei dieser Stromstärke (also hier nach oben z. B. 250 A) auch überhaupt nicht um die Zeit zu kümmern braucht. Dagegen ist die Berücksichtigung der ED in allen solchen Fällen, wo sie kleiner als 70% ist, nach obigem Beispiel unerläßlich (vor allem bei sog. „Kleinschweißmaschinen"). Berücksichtigt man diese Zeiten nicht, so wird die Maschine zu heiß, die Isolation verbrennt, und die Maschine wird vorzeitig unbrauchbar. (Nebenbei: eine Kleinschweißmaschine hat die Bezeichnung „Klein", weil man aus ihr nur *kleine* Schweißströme entnehmen, also nur mit dünnen Elektroden schweißen kann.)

3.24 Schweißen mit Gleichstrom. Das äußerlich Einfachste ist das Schweißen von einem Gleichstromnetz (Bild 3.11). Um die Kennlinie verwirklichen zu können (hohe Zünd-, niedrige Lichtbogenspannung), muß man Widerstände einschalten. Die Schweißung wird dadurch sehr unwirtschaftlich und wird daher kaum noch angewendet.

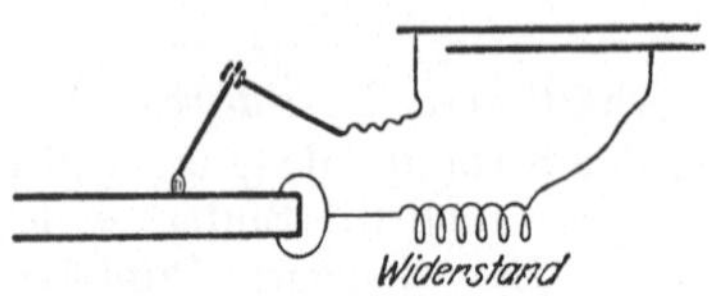

Bild 3.11. Schweißen vom Netz

3.241 Umformer (Antrieb s. Bilder 3.12 bis 3.15). Nach der Schaltungsart unterscheidet man:

Gegenverbundmaschinen in verschiedenen Schaltungsarten.

Querfeldmaschinen, meist sehr weich arbeitend, Drehrichtung gleichgültig.

Streufeldmaschinen. Hauptfeld bleibt erhalten; durch ein Nebenfeld, das vom

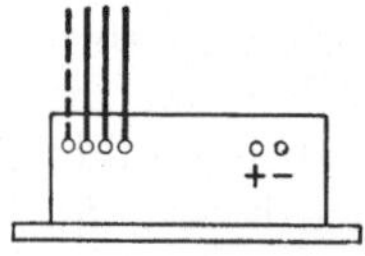

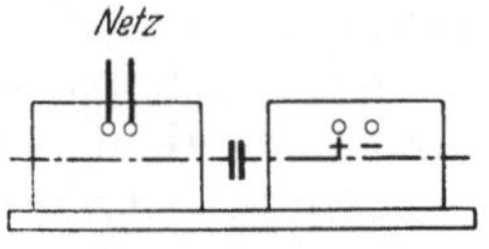

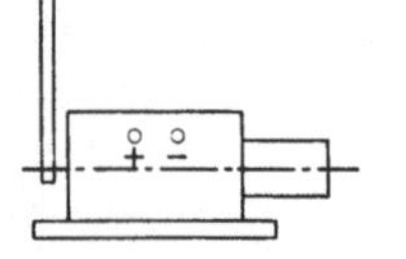

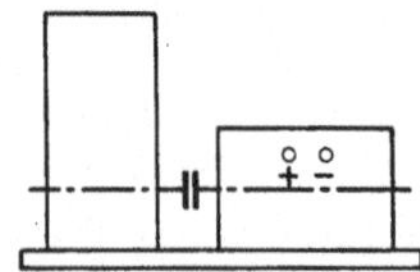

| Bild 3.12. Drehstrommotor mit Schweißmaschine in einem Gehäuse | Bild 3.13. Gleichstrommotor gekuppelt mit Schweißmaschine | Bild 3.14. Riemenantrieb einer Schweißmaschine mit angekuppelter Erregermaschine | Bild 3.15. Benzin- oder Dieselmotor gekuppelt mit Schweißmaschine |

Schweißstrom gebildet wird, tritt eine Schwächung des Hauptfeldes und damit eine sinkende Spannung ein.

Beispiele für *Kennlinien* sind wiedergegeben in den Bildern 3.16 und 3.17.

Mehrstellenschweißumformer. Konstante Spannung durch Hauptaggregat (70 V). Abfallende Kennlinie wird für jeden Lichtbogen durch Widerstand erzwungen.

3.242 **Gleichrichter.** Früher Kupferoxydul als Element. Jetzt meist Selenzelle oder Siliziumgleichrichter, die sich durch gedrängte Bauart auszeichnen. Die Gleich-

richter wandeln die dem Netz entnommeneEnergie(Wechsel- strom) in Gleichstrom um. Sie bestehen aus dem Transforma- tor, dem Regelteil und dem Gleichrichter. Die meisten Geräte dieser Art haben pri- märseitig Drehstromanschluß, demnach einen dreiphasigen Transformator, einen Regelteil und einen in Drehstrombrücke geschalteten meist luftgekühl- ten Gleichrichter.

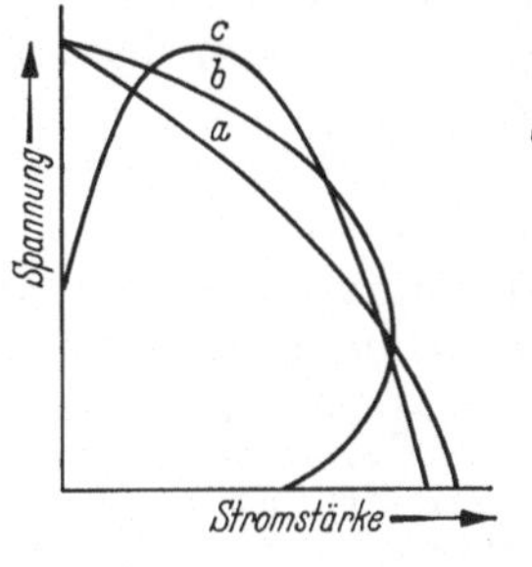

Bild 3.16. Kennlinie einer eigen- erregten (*a*), einer selbsterregten (*b*), einer Querfeldmaschine (*c*)

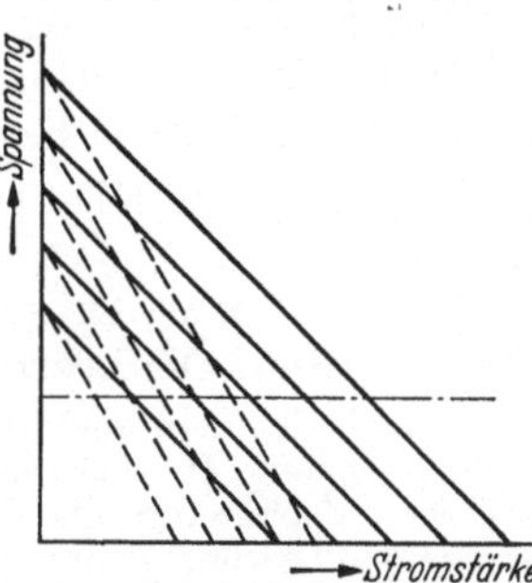

Bild 3.17. Schweißmaschine, die gestattet, mit zwei Kennlinien- gruppen zu arbeiten (10 Steue- rungsstufen)

3.243 **Stromeinstellung.** Die Schweißstromgröße wird bestimmt durch die *Elektrode* (Art, Dicke) und durch die *Arbeit* (Werkstoffart, Teildicke, Teilgröße, Nahtart, Schweißposition, Vorbereitung der Arbeit, Vorhandensein von Vorrichtungen, Zeitdauer der Arbeit, Witterung). Außerdem spielen gewisse *Nebenumstände* eine Rolle: Länge und Querschnitt der Netzzuleitun- gen und der Schweißleitungen. Der Querschnitt der Schweißleitungen wird vom Hersteller in der Regel für eine Gesamtlänge beider Kabel von 30 m ausgelegt. Faustregel aus der Praxis: „Bei Längen über 30 m ist der Querschnitt proportional der Länge zu erhöhen."

Bei Gleichstromumformern ändert man die Stromgröße durch Änderung der Magnet- erregung. Die Leerlaufspannung ist bei den verschiedenen Schaltungsarten und Einstellungen meist konstant. Fremderregte und auch Verbundmaschinen erleiden durch Änderung des Er- regerstromes eine Änderung der Schweißstromgröße und der Leerlaufspannung. Die Einstellung bei *Gleichrichtern* wird am Trafo vorgenommen (s. Abschn. 3.252).

3.25 Schweißen mit Wechselstrom (Umspanner, Trans- formatoren). 3.251 **Bauarten.** Unterscheidung nach Art der Kühlung in luft- und (für größere Einheiten) ölgekühlte Umspanner. Die verschiedenen Schaltungsarten beziehen sich auf die Stromeinstellung. Man kennt folgende Grund- typen: Veränderung der magnetischen Streuung; Anwen- dung von Drosselspulen und von Anzapfungen; Kombina- tionen sind möglich. Bei Mehrstellenumspannern liefert ein Haupttransformator eine konstante Spannung (70 V); durch kleine Drosselspulen wird die abfallende Kennlinie für die einzelnen Lichtbögen erzwungen (Kennlinien s. Bild 3.18).

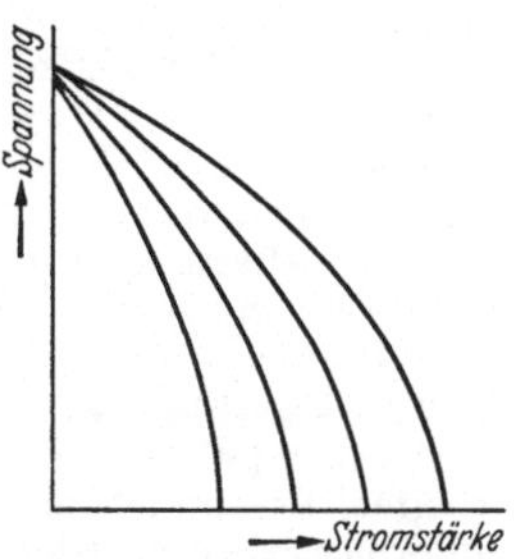

Bild 3.18. Kennlinien eines Schweißumspanners mit 4 Einstellungsstufen

3.252 **Stromeinstellung.** Die Einstellung kann stu- fenlos und stufenweise erfolgen.

Stufenlos ist die Einstellung bei den *Streutrafos* durch *mechanische* Verstellung eines Streukerns oder des Abstandes der Wicklungen. Durch Einführen eines Streu- kernes zwischen die Wicklungen des Transformators wird eine Veränderung des induktiven Widerstandes des Transformators und somit der Schweißstromstärke verursacht.

Bei den Streutrafos mit *elektrischer* Veränderung ist der Streukern fest zwischen den Wicklungen angebracht und besitzt eine von Gleichstrom durchströmte Drosselwicklung. Durch Veränderung dieses Stromes wird der Einfluß des magneti- sierten Nebenschlusses des Streukerns und damit die Schweißstromstärke ver- ändert.

Spulenverstellung findet sich nur noch in Transformatoren älterer Bauart. Bei den *Drossel- spulen* verändert ein *mechanisch* verschiebbarer Tauchkern den induktiven Widerstand der Drossel. Bei den Drosselspulen mit *elektrischer* Veränderung wird die dem Transformator nachgeschaltete Drossel vom Steuergleichstrom durchströmt. Je stärker der Steuerstrom ist, desto geringer der Schweißstrom, der über ein Potentiometer eingestellt wird.

Von diesen Regelungen hat sich die *mechanische Streukernverstellung* am besten bewährt: Kleine Leerlaufschwankungen, feinfühlige Stromeinstellung, gute statische und dynamische Kennlinien.

Stufenweise Einstellung: Eine dem Transformator nachgeschaltete *Drossel* hat mehrere *Anzapfungen*, die mit einem Leistungsstufenschalter eingeschaltet werden. Je mehr Drosselwindungen eingeschaltet sind, desto geringer ist der Schweißstrom. Die Leerlaufspannungen sind konstant.

Dann findet man auch die Anzapfung der *Primärwicklung* ohne Veränderung der elektrischen Kupplung. Hierbei wird das Übersetzungsverhältnis geändert, damit also (unerwünscht) die Leerlaufspannung. Die Veränderung ist nur in geringem Umfang möglich, da die obere Grenze der Leerlaufspannung durch die amtlichen Vorschriften (70 V) und die untere Grenze durch das verlangte gute Zünden gegeben ist. Kleine Stromstärken haben (unerwünscht) kleine Leerlaufspannungen. Bei der Anzapfung der Primärwicklung mit Veränderung der elektrischen Kupplung befindet sich auf dem Schenkel der Sekundärwicklung eine primäre Hilfswicklung. Durch stufenweises Schalten zwischen der Haupt- und Hilfswicklung wird die Kupplung und damit die Streuung des Trafos und damit die Schweißstromstärke verändert. Die Leerlaufspannung bleibt nahezu konstant.

Bei der Anzapfung der *Sekundärwicklung* wird ebenfalls das Übersetzungsverhältnis und dadurch die Leerlaufspannung verändert. Der Einstellungsbereich ist klein. Die kleinste Schweißstromstärke hat jedoch die höchste Leerlaufspannung.

Die Anzapfung der Primär- *und* Sekundärwicklung wird hauptsächlich dazu verwendet, den Einstellungsbereich eines an sich durch Primäranzapfung geregelten Gerätes zu erweitern. Es wird dabei in Kauf genommen, daß die Leerlaufspannung in dem erweiterten Bereich kleiner wird.

Bei Kleintransformatoren mit einem größten Schweißstrom von 200 A hat sich die stufenlose Einstellung aus preislichen Gründen durchgesetzt. Sie ist für empfindliche Arbeiten notwendig. Bei einem mit Stufen einstellbaren Trafo muß bei solchen Arbeiten die Abstufung sehr fein sein (Stufensteigerung wenigstens 5 A). Bei einfachen Arbeiten kann ein Trafo mit gröberer Abstufung verwendet werden.

Die Eichung der Schweißstromquellen erfolgt über einen induktionslosen Widerstand (Wasserwiderstand) ist also nicht identisch mit dem Widerstand im Schweißstromkreis. Daher sind die Zahlenangaben auf den Einstellungsskalen stets nur Richtwerte. Die Schulung des Schweißers hinsichtlich der zu wählenden Stromstärke hat sich auf praktische Erfahrungen, nicht auf die Einhaltung bestimmter Stromwerte auszurichten.

3.26 Verschiedenes. Der Schweißwechselstrom hat dieselbe Frequenz wie der übliche Kraftstrom (50, in USA 60 Per.). Für Sonderzwecke wird aber auch mit Mittelfrequenz gearbeitet. Es handelt sich dabei um einen Phasenwandler, der ähnlich wie ein Gleichstromumformer arbeitet, jedoch ohne Kollektor, Schleifring und Bürsten (Periodenzahl 150 bis 450).

Hochfrequenz-Zusatzgeräte (HF-Geräte) sind kleine Wechselstromgeräte mit einer Frequenz von 300 bis 500 Kiloherz (kHz) und einer Leistung bis etwa 30 Watt. Sie werden in bestimmten Fällen (siehe z. B. Abschn. 7.222 und 7.64) zur Überlagerung des Schweißstromes an der Schweißstelle zugeschaltet. Dadurch entsteht hier eine Funkenstrecke, die einen Zwischenraum zwischen Elektrode und Werkstück von 3 bis 5 mm überbrückt. Die HF-Funkenstrecke zündet bei diesem Abstand, also ohne Berührung, und ist bei Gleichstrom und Wechselstrom anwendbar. Durch Ionisierung wird die Luft für den Schweißstrom leitend. – Bei Verwendung der HF-Geräte sind wegen Störung des Rundfunk- und Fernsehempfanges die Bestimmungen der Post zu beachten.

Unter *Doppelstromgeräten* versteht man Schweißstromquellen, die sowohl Gleich- als auch Wechselstrom liefern können. Sie werden vor allem für die Schutzgasschweißung angewendet, bei der man verschiedene Metalle mit verschiedenen Stromarten schweißt.

4. Schmelzschweißnähte

Die zugehörigen Begriffe sind heute weitgehend durch DIN 1912, Blatt 1 bzw. Blatt 3 festgelegt, so daß das folgende Kapitel letzten Endes eine Wiedergabe dieser Norm darstellt. Die genormten Begriffe sind bei der ersten Erwähnung durch *Kursivsatz* hervorgehoben!

4.1 Verbindungsschweißungen

4.11 Verbindungsarten. Die zu verbindenden Teile werden am *Schweißstoß* durch eine oder mehrere *Schweißnähte* zu einem geschweißten Bauteil, dem *Schweißteil*, vereinigt. Unter *Schweißgruppen* versteht man die Vereinigung mehrerer Schweißteile. Die Schweißnaht besteht aus aufgeschmolzenem Grundwerkstoff und meist einem Zusatzwerkstoff und verbindet dadurch die Teile am Schweißstoß. Liegen die beiden zu verbindenden Teile in einer Ebene, so entsteht beim Schweißen eine *Stumpfnaht*. Je nach Vorbereitung der *Schweißfuge* werden die verschiedenen Arten unterschieden. Die Bilder 4.01 bis 4.06 erläutern die verschiedenen Begriffe. Liegen die Nähte an der Stirnfläche der beiden Teile, so nennt man sie *Stirnnähte*. Liegen die beiden zu verbindenden Teile in zwei zueinander senkrechten oder angenähert senkrechten Ebenen, so nennt man die entsprechenden Nähte *Kehlnähte*.

Neben diesen zwei Grundtypen gibt es dann Kombinationsnähte, die aus dem Vereinigen der beiden Grundtypen entstanden sind. Nach der Nahtvorbereitung kennt man Querschnittsformen nach den Bildern 4.07 bis 4.27.

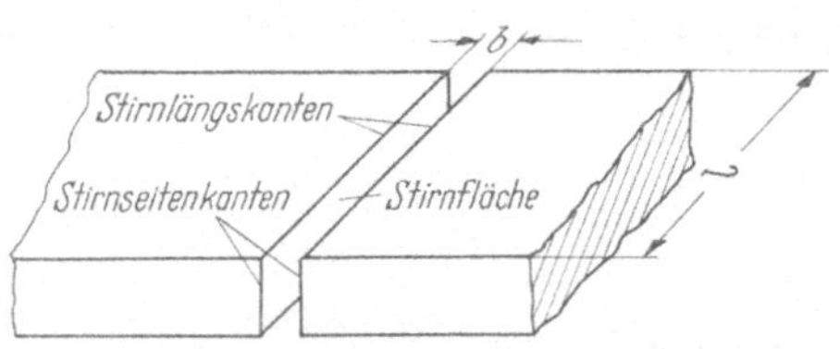

Bild 4.01. Nahtvorbereitung für I-Naht
l Fugenlänge; *b* Stirnflächenabstand

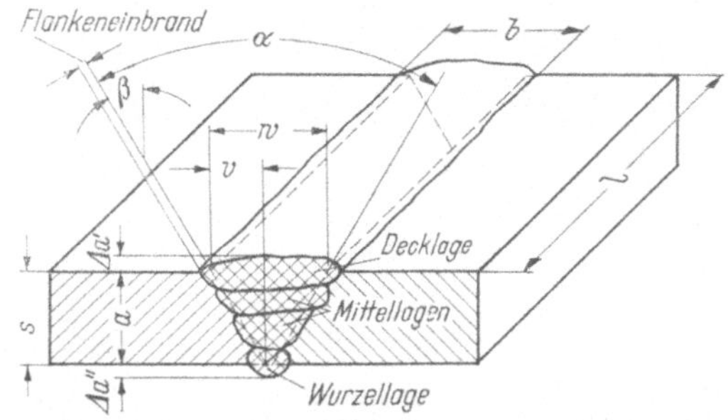

Bild 4.02. V-Naht
a Nahtdicke; $\Delta a'$ Nahtüberhöhung; $\Delta a''$ Wurzelüberhöhung; *s* Blechdicke; *b* Nahtbreite; *v* Flankenweite; *w* Öffnungsweite; α Öffnungswinkel; β Flankenwinkel

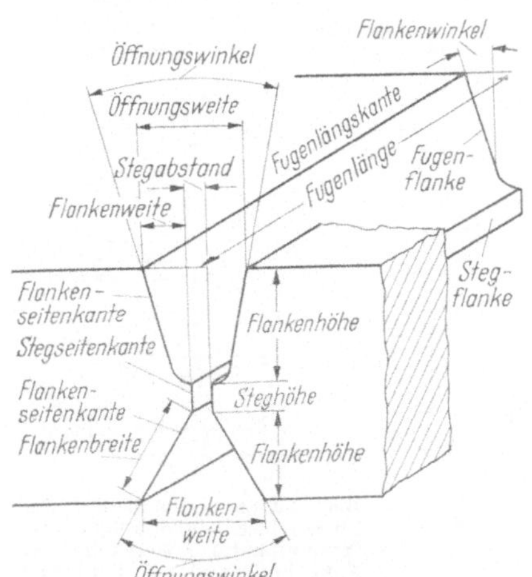

Bild 4.05. Nahtvorbereitung für Fugennähte

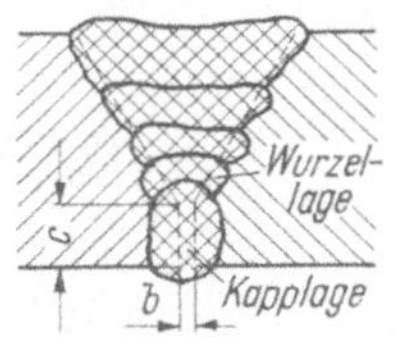

Bild 4.03. Lagen für Y-Naht mit Kapplage, gegengeschweißt
b Stegabstand; *c* Steghöhe

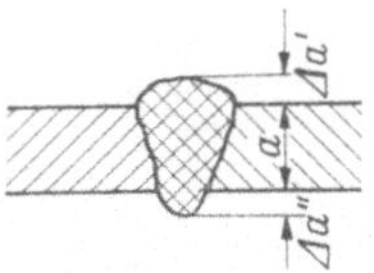

Bild 4.04. V-Naht
a Nahtdicke; $\Delta a'$ Nahtüberhöhung; $\Delta a''$ Wurzelüberhöhung

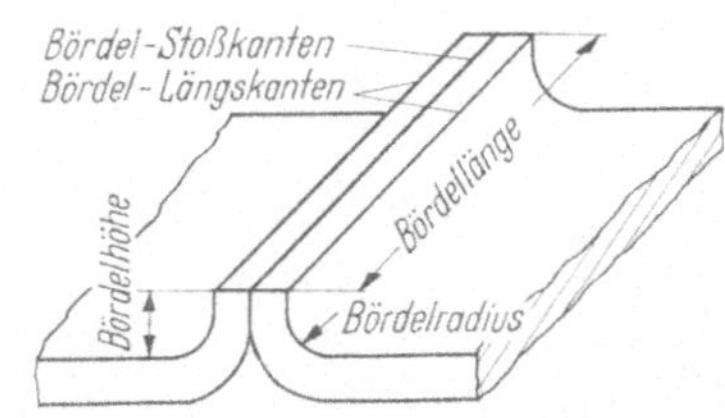

Bild 4.06 Nahtvorbereitung für Bördelnähte

4.12 Schweißverfahren. Vor allem für Zeichnungen sind folgende Abkürzungen zu wählen: G = Gasschweißen; E = Lichtbogenschweißen; UP = Unterpulverschweißen; SG = Schutzgasschweißen; WIG = Wolfram-Inertgas-Schweißen;

MIG = Metall-Inertgas-Schweißen; m = hinter das Verfahren gesetzt, bedeutet maschinell ausgeführte Schweißung.

4.13 Schweißposition (Bilder 4.28 u. 4.29). Die Lage, in welcher die Schweißung durchgeführt werden muß, ist nicht nur für die Kalkulation wichtig, sondern auch für die Nahtgüte. Es bedeuten: w = waagerechtes Schweißen von Stumpfnähten

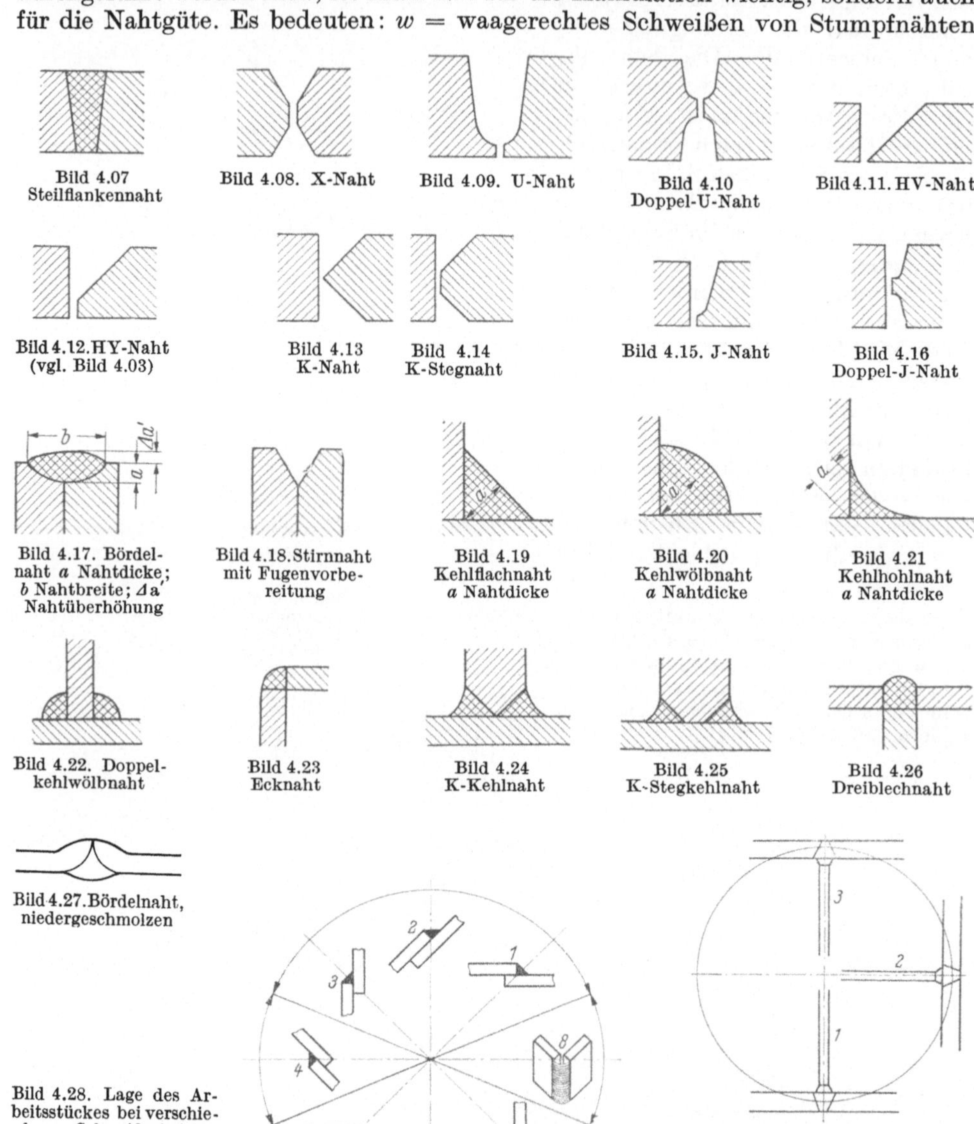

Bild 4.07 Steilflankennaht

Bild 4.08. X-Naht

Bild 4.09. U-Naht

Bild 4.10 Doppel-U-Naht

Bild 4.11. HV-Naht

Bild 4.12. HY-Naht (vgl. Bild 4.03)

Bild 4.13 K-Naht

Bild 4.14 K-Stegnaht

Bild 4.15. J-Naht

Bild 4.16 Doppel-J-Naht

Bild 4.17. Bördelnaht a Nahtdicke; b Nahtbreite; $\Delta a'$ Nahtüberhöhung

Bild 4.18. Stirnnaht mit Fugenvorbereitung

Bild 4.19 Kehlflachnaht a Nahtdicke

Bild 4.20 Kehlwölbnaht a Nahtdicke

Bild 4.21 Kehlhohlnaht a Nahtdicke

Bild 4.22. Doppelkehlwölbnaht

Bild 4.23 Ecknaht

Bild 4.24 K-Kehlnaht

Bild 4.25 K-Stegkehlnaht

Bild 4.26 Dreiblechnaht

Bild 4.27. Bördelnaht, niedergeschmolzen

Bild 4.28. Lage des Arbeitsstückes bei verschiedenen Schweißarbeiten (Kehlnähte) *1, 2, 3* Waagerechtschweißung; *4* Senkrechtschweißung; *5, 6, 7* Überkopfschweißung; *8* stehende Senkrechtschweißung

Bild 4.29. Lage des Arbeitsstückes bei verschiedenen Schweißarbeiten (Stumpfnähte). *1* Werkstück und Naht horizontal; *2* Werkstück senkrecht, Naht waagerecht (3-Uhr-Stellung); *3* Nahtüberkopf (12-Uhr-Stellung)

und von Kehlnähten in Wannenposition (Bild 4.28, Stellung *2*; Bild 4.29, Stellung *1*); h = horizontales Schweißen von Kehlnähten (Bild 4.28, Stellung *1, 2, 3*); s = Schweißen von unten nach oben (*Steignaht*); f = Schweißnaht von oben nach unten (*Fallnaht*); q = waagerechtes Schweißen an senkrechter Wand (*Quernaht*); $ü$ = *Überkopfnaht*.

4.14 Schweißgüte. Die Güteklasse einer Schweißverbindung wird durch folgende Voraussetzungen bestimmt (DIN 1912 und – sehr wichtig – DIN 8563):

1. *Werkstoff:* Schweißeignung gewährleistet.
2. *Vorbereitung:* Fachgerecht und überwacht.
3. *Schweißverfahren:* Nach Werkstoffeigenschaften, Werkstückdicke und Beanspruchung ausgewählt.
4. *Schweißgut:* Zusatzwerkstoff auf den Grundwerkstoff abgestimmt, geprüft bzw. zugelassen.
5. *Personal:* Geprüfte und bei der Arbeit überwachte Schweißer.
6. *Prüfung:* Nachweis fehlerfreier Ausführung (z. B. Durchstrahlungsprüfung).

Daraus ergeben sich dann Güteklassen, und zwar:

Güteklasse I: Alle Voraussetzungen von 1 bis 6 sind zu erfüllen.

Güteklasse II: Alle Voraussetzungen von 1 bis 5 sind zu erfüllen.

Güteklasse III: Für die Schweißverbindungen werden keine besonderen Bedingungen hinsichtlich Prüfung und Überwachung festgelegt; es werden keine geprüften Schweißer gefordert. Die Ausführung muß aber fachgerecht sein.

4.2 Auftragsschweißungen

4.21 Begriffe. Bei *Auftragungen* wird dem Werkteil eine neue Form gegeben. Die Eigenschaften des Auftraggutes weichen nicht wesentlich von denen des Grundwerkstoffes ab. Durch eine *Panzerung* werden dem Werkteil an der Oberfläche neue Eigenschaften gegeben, z. B. größere Härte. Durch die *Aufschmelz-Auftragsschweißung* wird der Zusatzwerkstoff in die aufgeschmolzene Oberfläche des Werkteils eingeschmolzen. Beide Stoffe vermischen sich. Rückwirkungen von dem einen auf den anderen Werkstoff finden statt. Bei der *Auftropf-Auftragsschweißung* wird die Oberfläche des Werkteils beim Auftropfen des Zusatzwerkstoffes nur leicht angeschmolzen, Vermischung der beiden Werkstoffe wird weitgehend vermieden, so daß eine gegenseitige Rückwirkung unterbleibt.

4.22 Fertigungsangaben. Sie beziehen sich auf den zu verwendenden Zusatzwerkstoff (s. Kap. 6), auf die Schweißposition, auf die Anzahl der aufgetragenen Raupen, gegebenenfalls auch auf die Wärmebehandlung.

4.3 Spannungsverhältnisse der Schweißnähte

4.31 Allgemeines. 4.311 Vorbemerkung. Faßt man die Schweißnaht als Verbindungselement auf, so ist der Vergleich mit Niet- und Schraubenverbindungen naheliegend. Während man aber über die kennzeichnenden Eigenschaften solcher Verbindungen im allgemeinen Bescheid weiß, herrscht über die besondere Eigenart der Schweißverbindung weitgehend Unkenntnis. Es soll versucht werden, im folgenden die Grundlagen der Spannungsverteilung und das Verhalten von Schweißnähten insbesondere für praktische Konstrukteure darzulegen und zu erläutern (s. auch Abschn. 7.11).

4.312 Voraussetzungen. Für die nachstehenden Ausführungen wird *folgendes angenommen*: Schmelzschweißnaht mit Handlichtbogen geschweißt, übliche Elektrode (z. B. Type Ti); Werkstoff St 37 (ohne Fehler wie Seigerungen, Doppelungen); Blechdicke etwa 6 bis 20 mm; kein Endkrater und ungebundener Anfang der Nähte. Bitte auch Abschn. 4.37 beachten.

4.313 Zusammensetzen von Spannungen. *1. Gleichlaufende Spannungen.* Diese können algebraisch unter Berücksichtigung des Vorzeichens addiert werden (Zug = +; Druck = –).

2. Normal- und Schubspannungen in 1 Ebene. Um zu möglichst einfachen Rechenmethoden zu kommen, bestehen verschiedene Annahmen (Hypothesen), die mit mehr oder minder großer Genauigkeit den tatsächlichen Verhältnissen entsprechen. Für manche Hypothesen haben sich bestimmte Anwendungen herausgebildet:

Hypothese der größten Normalspannungen

$$\sigma_i = \frac{1}{2}\left[\sigma + \sqrt{\sigma^2 + 4\tau^2}\right]$$

für DIN 4100 (Baukonstruktionen).

Hypothese der größten Dehnung

$$\sigma_i = 0{,}35\,\sigma \pm 0{,}65\,\sqrt{\sigma^2 + 4\alpha\cdot\tau^2}\,;\qquad \alpha = \frac{\sigma_{zul}}{1{,}3\,\tau_{zul}}$$

für allgemeinen Maschinenbau (z. B. Wellenberechnung).

Hypothese der größten Schubspannungen

$$\sigma_i = \sqrt{\sigma^2 + 4\tau^2}$$

für einfache Überschlagsrechnungen.

Hypothese der größten Gestaltänderungsenergie

$$\sigma_i = \sqrt{\sigma^2 + 3\tau^2}$$

für DIN 1050; Trägerberechnung und Schraubenberechnung.

3 Vergleichsspannungen im 3achsigen Spannungszustand

Hypothese der größten Normalspannungen $\sigma_v = \max\sigma$.

Hypothese der größten Dehnung $\sigma_v = \sigma_1 - \dfrac{1}{m}\cdot(\sigma_2 + \sigma_3)$; $m = \dfrac{\text{Längsdehnung}}{\text{Querdehnung}}$

Hypothese der größten Schubspannung $\sigma_v = \sigma_1 - \sigma_3$.

Hypothese der größten Gestaltänderungsenergie

$$\sigma_v = \frac{1}{\sqrt{2}}\cdot\sqrt{(\sigma_1 - \sigma_2)^2 + (\sigma_1 - \sigma_3)^2 + (\sigma_2 - \sigma_3)^2}\,,$$

wobei $|\sigma_1| > |\sigma_2| > \sigma_3|$ ist; angewendet für Druckgefäße- und Dampfkesselbau, um beurteilen zu können, ob die rechnerische Vergleichsspannung oder Anstrengung die Streckgrenze des Werkstückes überschreitet. Zug $= +\sigma$; Druck $= -\sigma$.

4.32 Stumpfnaht (Zug). Druck im allgemeinen von geringer Bedeutung.

4.321 Schmelzgut. Wegen der Erstarrung aus dem flüssigen Zustand liegen gerichtete Kristalle vor, also Anisotropie, da der Elastizitätsmodul in verschiedenen Kristallachsen verschieden groß ist (Anisotropie = ungleichmäßige Dehnbarkeit).

4.322 Wärmeeinflußzone. Umkristallisation im Bereich der höchsten Einwirkungstemperatur. Abbau aller Eigenspannungen, die durch den vorhergegangenen Herstellungsprozeß (z. B. Walzen) in dem Werkstück zurückgeblieben sind. Je nach Höhe der Temperatur und Einwirkungsdauer Umkristallisation im Bereich der höchsten Temperatur. Beim evtl. Auftreten von Härtungsgefüge finden Volumenzunahmen statt, die neue innere Spannungen zur Folge haben.

4.323 Eigenspannungen. Außerhalb der Wärmeeinflußzone, parallel zur Naht, tritt ein Abbau der alten Spannungen zum Teil ein. Es stellen sich aber neue Spannungen parallel und senkrecht zur Naht ein durch Schrumpfvorgänge infolge unterschiedlicher Wärmezu- und -abfuhr und infolge Bewegungsverhinderung durch die Konstruktion.

4.324 Schrumpfspannungen in der Naht. Durch behinderte Ausdehnung und Zusammenziehung des eingebrachten flüssigen Schmelzgutes entstehen räumliche Schrumpfspannungen (Bild 4.30); sie sind praktisch abhängig von der eingebrachten Schweißgutmenge

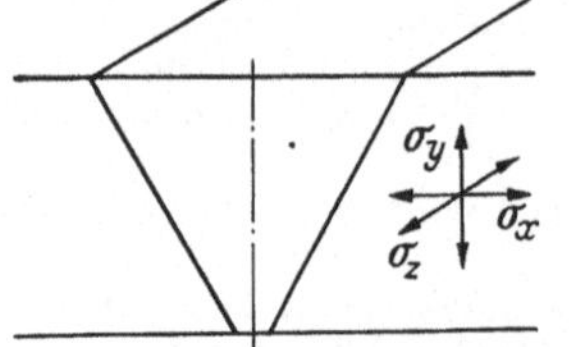

Bild 4.30
Spannungen
in einer Naht

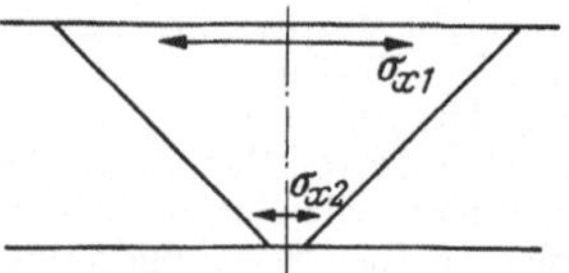

Bild 4.31. Spannungen an der Oberfläche und im Grunde einer V-Naht

je betrachteter Meßlängeneinheit; also ist meist $\sigma_{x1} > \sigma_{x2}$ (Bild 4.31). Hieraus folgt auch das dem Praktiker geläufige „Hochgehen" einer stumpfgeschweißten Verbindung.

4.325 Spannungsbeschränkungen. Durch die dem Werkstoff eigentümliche Streckgrenze werden die Spannungen aufgehalten. Es tritt evtl. eine Verlagerung der Spannungen an andere Werkteile auf. Zu beachten ist, daß die Streckgrenze sich mit der Temperatur des Teiles verändert.

4.326 Folgerungen. In jeder Stumpfnaht herrscht ein mehr oder minder ausgeprägter 3achsiger Spannungszustand (auch im von außen unbelasteten Falle) mit dadurch bedingtem Eintreten des Fließens (scheinbare Änderung der Streckgrenze und Fließbehinderung, Bild 4.32). Beim Zerreißversuch einer allseitig bearbeiteten Probe wird also die Streckgrenze des Grundwerkstoffes bei niederer Belastung erreicht als die der Schweißzone; dazu kommt noch, daß häufig das eingebrachte Schweißgut eine an sich höhere Streckgrenze hat als der Grundwerkstoff. Also tritt eine Verformung nach Bild 4.33, Bruch nach Bild 4.34 auf.

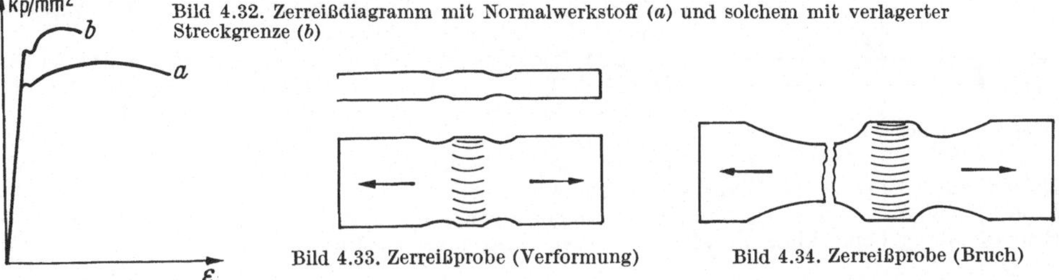

Bild 4.32. Zerreißdiagramm mit Normalwerkstoff (a) und solchem mit verlagerter Streckgrenze (b)

Bild 4.33. Zerreißprobe (Verformung)

Bild 4.34. Zerreißprobe (Bruch)

4.327 Streckgrenze. Fließen tritt ein, wenn die nach der Schubspannungs- oder Gestaltänderungsenergiehypothese errechnete Anstrengung oder Vergleichsspannung σ_v die – im einachsigen Zugversuch ermittelte – Streckgrenze des Werkstoffes erreicht. Zufolge der mehrachsigen Zugspannungen, die in der Schweißnaht vorliegen, erreicht die Anstrengung erst dann die Streckgrenze, wenn die größte Zugspannung σ_1 schon mehr oder weniger den Wert der Streckgrenze überschritten hat. Diese größte Spannung σ_1 kann allerdings nur so weit ansteigen, bis die Trennfestigkeit erreicht ist. Aus dieser Tatsache folgt oft die Meinung, die Streckgrenze sei durch den mehrachsigen Zugspannungszustand erhöht. Das ist aber keineswegs der Fall, wie oben erläutert. In Wirklichkeit tritt also keine Erhöhung der dem Werkstoff eigenen Streckgrenze ein, sondern eine Erhöhung der zum Fließbeginn erforderlichen größten Hauptspannungen. Das Umgekehrte tritt auf, wenn Querdruckspannungen vorliegen. Es handelt sich also einerseits um eine Fließverzögerung (oder Fließbehinderung), andererseits um eine Fließbegünstigung (oder Fließerleichterung).

4.328 Nutzspannungen. Die Eigenspannungen sind über die Nahtlänge ungleichmäßig verteilt (Bild 4.30, 4.31 u. 4.35). Die schraffierten Bereiche müssen aus Gleichgewichtsgründen gleich sein. Bei Annahme gleichmäßig verteilter Nutzzusatzlast von z. B. 10 kp/mm² (das wird eintreten, wenn die angeschlossenen Stäbe hinreichend lang sind) entsteht σ_b. Bei Entlastung durch die Nutzlast geht das Diagramm wieder auf σ_a zurück. Bei Annahme gleichmäßig verteilter Nutzlast von 15 kp/mm² entsteht σ_c. Bei angenommener Streckgrenze von 22 kp/mm² kann diese nicht überschritten werden. Dadurch wird aber die Mechanik der gleichmäßigen Beanspruchung gestört, die Mitte der Naht trägt verhältnismäßig weniger, die Ränder mehr. Bei Entlastung kann σ_a nicht mehr eintreten. In Extremfällen kann $\sigma_a = 0$ werden. (Entspannen durch große Probebelastung oder auch durch thermisches autogenes Entspannen). So verlockend diese Aussicht erscheint, durch solche Manipulationen die Restspannungen beseitigen oder vermindern zu können, werden diese Verfahren nur in Ausnahmefällen angewendet und sind wegen der schwierigen Überwachung in der Praxis umstritten.

4.33 Stumpfnaht (Biegung). 4.331 Allgemeines. Reine Biegung (also ohne Querkräfte) tritt in der Praxis selten auf. Sie kann nur bei Belastung durch ein Kräftepaar (z. B. nach Bild 4.36) vorkommen. Anschlüsse sind meist Kehlnähte.

4.332 Biegung um z-Achse (Bild 4.30). Überlegungen wie vorher. Auf jeden Fall ist es schwierig, die durch Biegung verformte Zone in die Schweißnaht zu legen (s. Abschn. 4.327).

4.333 Biegung um y-Achse (Bild 4.30). *1. Reine Biegung.* Spannungsdiagramm für unsymmetrischen Querschnitt nach Bild 4.38. Es trifft sich meist günstig, daß die größte Zug-Nutzspannung auf die größte Druck-Eigenspannung fällt (vgl. Bild 4.38 mit Bild 4.35), so daß solche Verbindungen große Momente übertragen können. In der Praxis ergeben sich meist durch an solchen Stellen vorhandene Endkrater Schwierigkeiten.

2. Reine Schubbeanspruchung. Kommt selten vor. Zusammensetzung der verschiedenen Spannungen evtl. nach Abschn. 4.313.

3. Biegung mit Querkräften (Üblicher Belastungsfall) (Bild 4.37). Die Stellen des max σ treffen nicht mit denen des max τ zusammen, da die Spannungsverteilung für beide Spannungen

Bild 4.35. Überlagerungen der Eigenspannungen (a) mit Nutzspannungen von 10 bzw. 15 kp/mm² (b bzw. c)

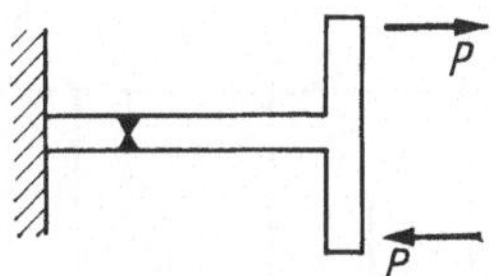

Bild 4.36. Angriff eines Kräftepaares an einem geschweißten Bauteil

verschieden ist (vgl. Bild 4.38 mit 4.39). Nach DIN 4100 erfolgt die Zusammensetzung nach der Hypothese der größten Normalspannungen (s. Abschn. 4.313), wobei $\sigma = M/W$ und $\tau = Q/\sum a \cdot l$ ist. W umfaßt alle Nahtflächen, $a \cdot l$ nur die Steganschlußflächen. Zu beachten ist, daß sich die DIN 4100 nur auf den Stahlbau bezieht, also meist nur den Anschluß längerer Stäbe berücksichtigt.

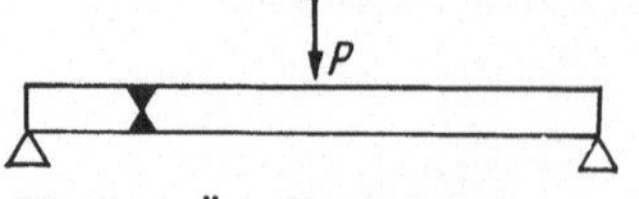

Bild 4.37. Übliche Belastung eines geschweißten Trägers

4.34 Nicht durchgeschweißte Stumpfnaht. 4.341 Arten (Bilder 4.40 u. 4.41). Der einfacheren Betrachtung halber soll im folgenden nur Bild 4.41 zugrunde gelegt werden.

4.342 Grundsätzliches. Abgesehen von inneren Spannungen nach Abschn. 4.32 besteht Formunregelmäßigkeit ähnlich einer Kerbe nach Bild 4.42. Solche Verschiedenheiten der einzelnen Querschnitte der Probe machen sich durch scheinbare Verlagerung der Streckgrenze und durch Absinken der Bruchdehnung bemerkbar. Je kleiner „x" ist, desto mehr verändert sich das Normaldiagramm

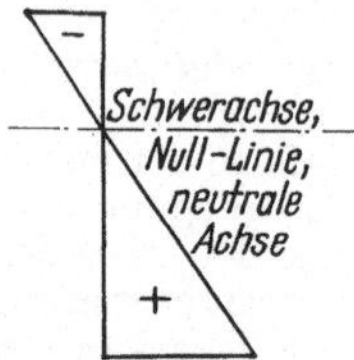

Bild 4.38 Spannungsverteilung eines Biegungsteiles (unsymmetrischer Querschnitt)

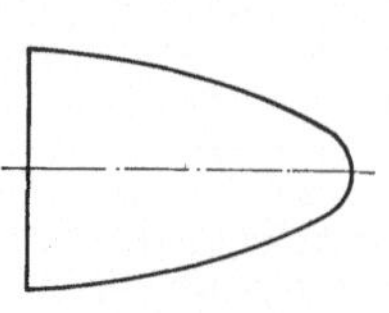

Bild 4.39. Verteilung der Schubspannungen über einen Rechteckquerschnitt

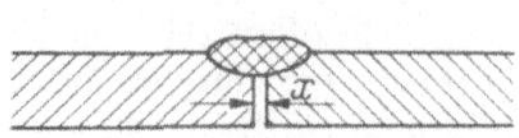

Bild 4.40. Nichtdurchgeschweißte Stumpfnaht

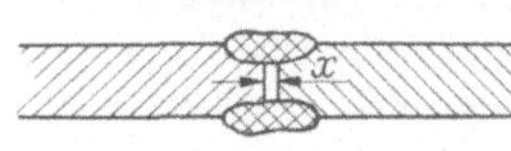

Bild 4.41. Nichtdurchgeschweißte Stumpfnaht

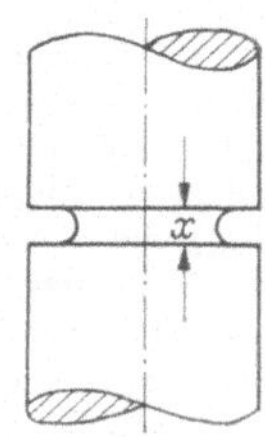

Bild 4.42 Gekerbter Stab

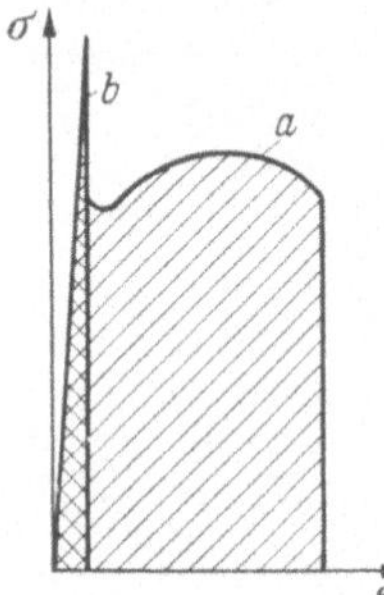

Bild 4.43. Zerreißdiagramms eines Normalstabes (a) und eines gekerbten Stabes (b)

von a in Bild 4.43 nach b hin. Es ist noch darauf hinzuweisen, daß der Inhalt des Zerreißdiagramms ein Maß für die Zerreißarbeit darstellt, die man sich für ausgeführte Konstruktionen möglichst hoch wünscht. Es ist zu sehen, daß diese Arbeit bei b in Bild 4.43 wesentlich kleiner ist als bei a Bild 4.43. Wenn „x" nur hinreichend klein ist (und das kann bei nicht durchgeschweißten Nähten eintreten), so kann die verlagerte Streckgrenze die Trennfestigkeit (Reißfestigkeit), die für St 37 etwa bei 90 kp/mm² liegen kann, erreichen. Es ist noch zu bemerken, daß die Trennfestigkeit eines Werkstoffes von seinem inneren Aufbau z. B. bei St 37 von den Gütestufen, Alterungszuständen abhängt und in weiten Grenzen schwanken kann, daß sie z. B. bei St 37 unter ungünstigen Verhältnissen auch unter 90 kp/mm² liegen kann.

4.343 Folgerungen. Solche Nähte zeigen eine hohe Trennfestigkeit, aber nur eine geringe Verformungsfähigkeit. Daher genügt eine Wasserdruckprüfung bei Behältern mit nicht durchgeschweißten Stumpfnähten nicht. Die Nähte halten zwar den statischen Wasserdruck aus, können aber bei stoßartiger Belastung, wie sie im praktischen Betrieb oft genug eintreten kann, schlagartig auf der ganzen Länge aufreißen. Nebenbemerkung: Die gleiche Erscheinung kann man unter Umständen auch bei nahtlosen Rohren mit inneren Werkstoffehlern beobachten.

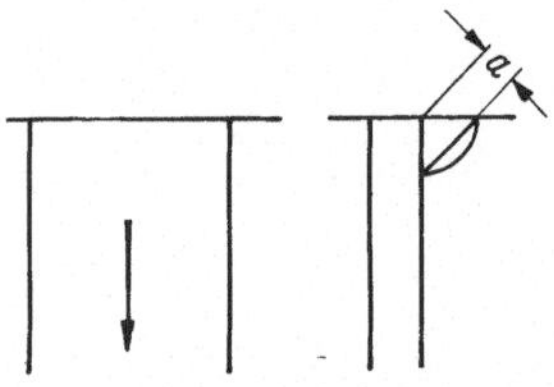

Bild 4.44. Einseitige Kehlnaht

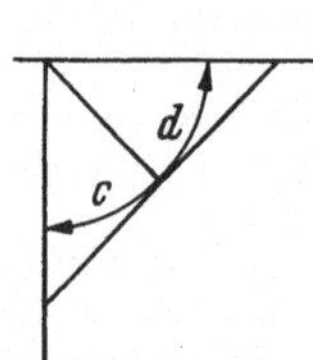

Bild 4.45 Einseitige Kehlnaht

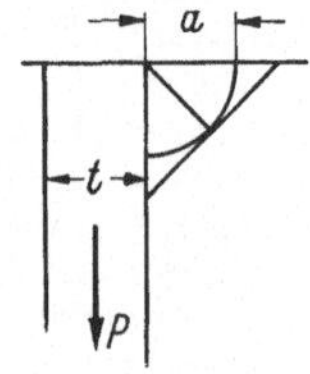

Bild 4.46. Belastung einer einseitigen Kehlnaht

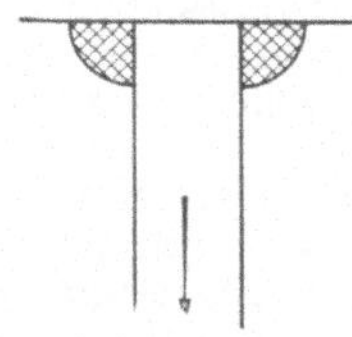

Bild 4.47 Doppelseitige Kehlnaht

4.35 Kehlnähte. 4.351 Einfache Stirnkehlnaht (Bild 4.44). Laut DIN 4100 ist der kleinste Querschnitt zu untersuchen, die Schräglage dieses Querschnittes ist nicht zu berücksichtigen, der Querschnitt aber in „Anschlußebene" zu klappen. Je nach Richtung Bild 4.45 oder Bild 4.46 treten Zug- oder Schubspannungen auf. Da aber zul σ = zul τ ist, ist dies für die Rechnung gleichgültig. Verschiedene Ergebnisse treten aber auf bei Berücksichtigung der zusätzlichen Biegung (Bild 4.46). Bei „c" ist $M_c = P \cdot t / 2$, bei „d" ist $M_d = P \cdot t + a/2$. Da man stets den ungünstigen Fall wählen soll, wird M_d richtig sein. Es ist noch zu erwähnen, daß bei einer Neufassung der DIN 4100 auch dieser Fall festgelegt werden wird.

4.352 **Doppelte Kehlnaht** (Stirnnaht in 1 Ebene). Bei Klappung nach „d" entsteht kein zusätzliches Biegungsmoment (Bild 4.47). Auch hier gilt ähnliches wie bei 4.47: Kreuzprüfungsstücken nach DIN 4100. Legt man der Spannungsberechnung den tatsächlichen Bruchquerschnitt zugrunde, so nähert sich der so erhaltene Ziffernwert der Trennfestigkeit. Allerdings ist hierbei zu berücksichtigen, daß eine Verformung durch den ausmittigen Anschluß in gewissen Grenzen möglich ist. Hinzu kommt die Ungleichmäßigkeit des Nahtquerschnittes. Wahrscheinlich hat die Wurzel durch die kürzere Länge geringere Verformungsmöglichkeit als die Nahtoberfläche.

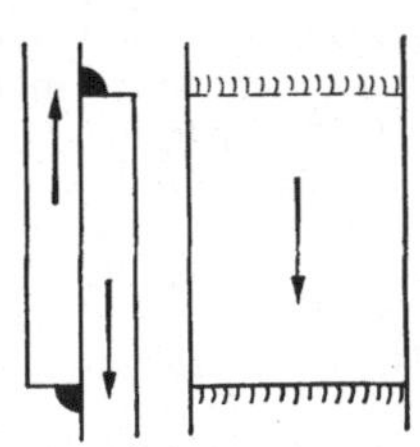

Bild 4.48
Doppelte Stirnkehlnaht

4.353 **Doppelte Stirnkehlnaht in 2 Ebenen** (Bild 4.48). Gleichmäßige Kraftübertragung ist kaum möglich; jedoch ist die Verbindung durch die Exzentrizität so verformungswillig, daß wahrscheinlich eine wenigstens angenähert gleichmäßige Kraftübertragung stattfindet.

4.354 **Doppelte Flankenkehlnähte.** Spannungsverteilung grundsätzlich ungleichmäßig (Bild 4.49, strichpunktierte Linie), da sich der Einfluß der verlagerten Streckgrenze der Naht bemerkbar macht. Wegen der Schrumpfspannungen stehen Nahtanfang und -ende unter besonders hohen Spannungen. Selbst wenn man die oft schlechte Bindung am Anfang und Ende vernachlässigt, sind solche Nähte besonders gefährdet, vor allem wenn die Entfernung Kraftangriffspunkt bis Nahtanfang (Länge „x") kurz ist und die Beanspruchung schlagartig erfolgt.

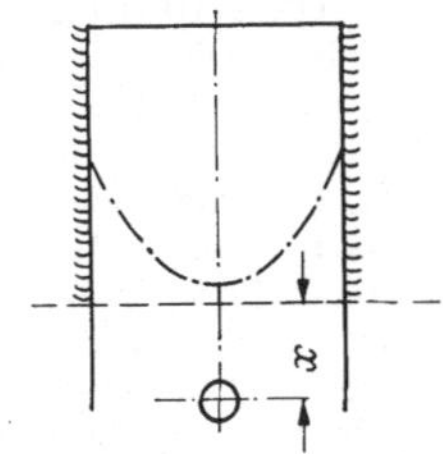

Bild 4.49. Spannungsverteilung an einer Doppelflankenkehlnaht

4.355 **Stirn- und Flankenkehlnähte** (Bild 4.50). Zusammenwirken der Nähte hängt vor allem von den Verhältnissen $l_1 : l_2$ und $a_1 : a_2$ ab. Schweißreihenfolge hat auch einen gewissen Einfluß. Vernachlässigt man (als technologischen Einfluß) den zweiten, so ist eine Verbindung mit kleinem a_1 (Dichtungsnaht) gefährlich, da diese unverhältnismäßig viel Lastanteil aufnehmen muß (a entspricht den Bildern 4.45 u. 4.46).

4.36 **Kombination von Stumpf- und Kehlnähten** (s. auch DIN 4100, 3.6). Vorschriften: Flankenkehlnähte dürfen nur mit ihrem halben Querschnittswert eingesetzt werden; sie müssen länger als $15a$ sein. Unter diesen Voraussetzungen gelten die zulässigen Spannungen für Stumpfnähte (Beispiel s. Bild 4.51).

4.37 **Abschlußbemerkung.** Es sei darauf hingewiesen, daß die vorstehenden Ausführungen ohne Berücksichtigung des technologischen

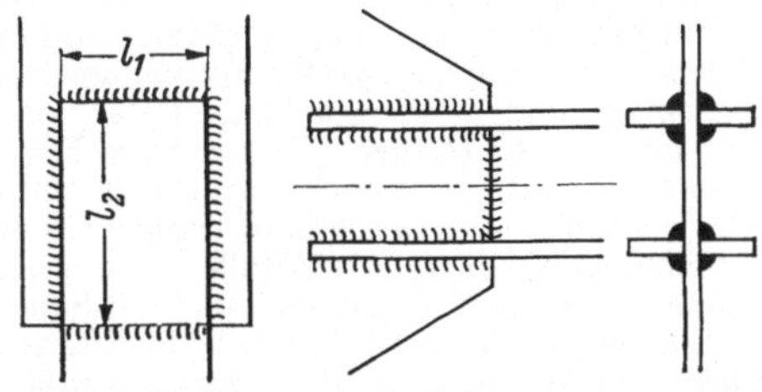

Bild 4.50. Verbindung mit Stirn- und Flankenkehlnähten

Bild 4.51. Verbindung mit Flankenkehl- und Stirnstumpfnaht

Einflusses des Werkstoffes durchgeführt werden konnten, und zwar deshalb, weil in der Voraussetzung festgelegt war, daß hier nur der Werkstoff St 37 betrachtet werden sollte. Bei hochfesten Stählen kann sich jedoch das Bild wesentlich ändern.

5. Werkstoffe

5.1 Eisen und Stahl

Über Benennungen und Kennzeichen, Herstellung und Eigenschaften, Gewährleistungsumfang und Behandlungszustand der Eisenwerkstoffe findet man nähere Angaben im Normblatt DIN 17006, zumal für Werkstoffbestellungen, Angaben in Zeichnungen und Stücklisten sowie in Bearbeitungsanleitungen.

5.11 Bezeichnungen von Eisenwerkstoffen (Beispiele). Alltägliche Fälle. *Unlegierte Stähle* Ck 45 = Stahl mit einem mittleren C-Gehalt von 0,45% und kleinem P- und S-Gehalt. St 37 = Stahl mit Mindestzugfestigkeit von 37 kp/mm².

Legierte Stähle: 40 Mn 4 (sprich *vierzig mann vier*) = Legierter Stahl mit einem mittleren C-Gehalt von 0,4% und 4/4 = 1% Mn. – 30 CrMoV 9 (sprich: *dreißig kromovau neun*) = Legierter Stahl mit etwa 0,3% C; 9/4 = 2,25% Cr; kleinere Mengen Mo und V. – X 10 Cr 13 = Legierter Stahl mit etwa 0,1% C und 13% Cr. – X 10 CrNiTi 1892 (sprich: *icks zehn kroniti achtzehnneunzwei*) = Legierter Stahl mit 0,1% C; 18% Cr; 9% Ni; 2% Ti. „X" kann entfallen, wenn C-Zahl nicht angegeben ist.

Gußwerkstoffe: GG-18 = Normaler Grauguß mit Mindestfestigkeit von 18 kp/mm²; GS-45 = Stahlguß mit Mindestfestigkeit von 45 kp/mm².

Seltener vorkommende Fälle. *Unlegierter Stahl*: A St 42.6 N = Alterungsbeständiger Stahl mit 42 kp/mm² Mindestfestigkeit; Gewährleistungsstufe 6; normalgeglüht. – TSt 37 = Thomasstahl mit 37 kp/mm²Festigkeit. – C 15 E = Stahl mit etwa 0,15% C, einsatzgehärtet. – MBA 14 = Alterungsbeständiger basischer SM-Stahl mit etwa 0,14% C. – T 8 = Thomasstahl mit 0,08% C.

Legierter Stahl: 15 Cr 3 E = Einsatzstahl mit etwa 0,15% C und 3/4 = 0,75% Cr. – 25 CrMo 56 V + 65 S = Spannungsfreigeglühter, auf 65 kp/mm² vergüteter Stahl mit etwa 0,25% C; 5/4 = 1,25% Cr; 6/10 = 0,6% Mo. – E 13 CrV 52.8 = Elektrostahl mit etwa 0,13% C; 5/4 = 1,25% Cr; 2/10 = 0,2% V mit Gewährleistungsstufe 8.

Neben den genormten Bezeichnungen werden öfters auch Fabriknamen angewendet, z. B. Izett-Stahl = Stahl, der immer zäh ist; LD-Stahl = Stahl, hergestellt nach dem Sauerstoffaufblasverfahren der Fa. Linz-Donawitz-Stahlwerke u. a.

5.12 Etwas über Metallgefüge[1]. Die Bruchfläche eines Metalles ist grob- oder feinkörnig und läßt darauf schließen, daß der ganze Körper aus ähnlichen Körnern besteht. Diese haften mit ihren Flächen aneinander. Sie entstehen beim Erstarren des flüssigen Metalles an zahlreichen Stellen zugleich als zunächst winzige, allmählich größer werdende Kristalle bestimmter gesetzmäßiger Form, bis infolge gegenseitiger Behinderung ihr gleichförmiges Wachstum aufhört und die einzelnen Kristalle sich nun mit ganz zufälligen, unregelmäßigen Flächen aneinander fügen, so daß ihre eigentliche Kristallform nicht zur Geltung kommt. Daher spricht man von Körnern, an den Grenzflächen der Kristalle von Korngrenzen und je nach der durchschnittlichen Einzelgröße der Körner von einem grob- oder feinkörnigen Gefüge. An den Korngrenzen scheiden sich bevorzugt Schlacken und andere Verunreinigungen der Metalle ab. Hier dringen in der Wärme auch schädliche Gase, wie z. B. Sauerstoff, in das Metallgefüge ein.

In der Regel wird bei langsamer Abkühlung das Metallgefüge grobkörniger; die groben Kristalle haben ein gewisses Formänderungsvermögen, das dem Metall bei äußeren Kräften Elastizität und Dehnungsfähigkeit verleiht, wobei das Haften der Kristallflächen aneinander festbleibt. Feine Gefüge haben größere Festigkeit und Härte, weil hier die zahlreichen kleinen Kristalle selbst kaum noch verformbar und außerdem mit ihren unregelmäßigen Korngrenzen fester ineinander verhakt sind. Daraus erklärt sich zugleich ihre größere Sprödigkeit.

Ähnlich wie die reinen Metalle verhalten sich auch ihre *chemischen Verbindungen* mit anderen Stoffen, zumal mit Kohlenstoff und mit Sauerstoff. Mit Kohlenstoff verbinden sich verschiedene Metalle chemisch zu Karbiden, z. B. Eisenkarbid Fe_3C mit 6,67% Kohlenstoffgehalt. Die Verbindungen bilden beim Erstarren Kristalle anderer Form und Härte als die reinen Metalle. So z. B. sind die reinen Eisenkristalle (Ferrit) grob und weich, dagegen die Eisenkarbidkristalle (Zementit) fein und sehr hart. Weicher Stahl mit weniger als 0,3% C-Gehalt enthält wenig Fe_3C und ist gut schweißbar. Stahl mit höherem C-Gehalt ist schwieriger schweißbar, weil das an die Schweißnaht angrenzende Gefüge mit erhitzt und dann durch schnelle Wärmeableitung an die von der Naht weiter entfernten Teile des Werkstückes abgeschreckt und dadurch wie Werkzeugstahl hart und spröde und rißanfällig wird.

Bei den praktisch verwendeten metallischen Werkstoffen sind dem reinen Grundmetall meistens noch andere Metalle oder chemische Metallverbindungen zugesetzt. Im flüssigen Zustande vermischen sie sich, „lösen" sich ineinander und bilden *Legierungen*[2] (legieren = verschmelzen). So ist der Stahl eine Eisen-Eisenkarbid-Legierung mit ganz anderen Eigenschaften als das reine Eisen.

Beim Erstarren einer Legierung bleibt entweder jeder der Bestandteile für sich (z. B. Kupfer und Blei in der Lager-Bleibronze) oder es entstehen sogenannte Mischkristalle aus beiden Bestandteilen und bilden ein einheitliches Gefüge. So erstarrt flüssiger Stahl zu Mischkristallen

---

Anmerkung: Eine vollständige Wiedergabe von DIN 17006 ist hier aus Platzgründen nicht möglich. Die DIN-Normblätter sind erhältlich beim Beuth-Vertrieb, Berlin 15, Uhlandstr. 175, und Köln, Friesenplatz 16.

[1] Vgl. Werkstattbuch Heft 121: KAUCZOR, Metall unter dem Mikroskop. Einführung in die metallographische Gefügelehre, 2. Aufl. 1964.

[2] Nähere Angaben über den „Einfluß der Legierungselemente im Stahl" findet man im Werkstattbuch Heft 50: HEINRICH, Die Werkzeugstähle, 2. Aufl. 1964.

„Austenit", die, langsam abgekühlt, je nach C-Gehalt zwischen 900 und 700° zerfallen. Es entsteht bei weniger als 0,8% C-Gehalt ein Gefüge aus reinen Eisenkristallen (Ferrit) und einem Gemisch sehr feiner Schichten feinkörniger Eisen- und Eisenkarbidkristalle, das bei Betrachtung unter dem Mikroskop perlmutterartig glänzt und daher „Perlit" genannt wird. Bei 0,8% C-Gehalt entsteht beim Zerfall des Austenits reiner Perlit und über 0,8% C-Gehalt ein Gefüge von Perlit und Zementit. Wird der Zerfall des Austenit durch schnelle Abkühlung (Abschrecken) verhindert, so wandeln sich die Austenitmischkristalle in „Martensitmischkristalle" um, ein sehr feinkörniges Gefüge, das als glashart gehärteter Stahl bekannt ist. Im allgemeinen läßt sich der Zerfall des Austenit nicht ganz verhindern, es entstehen also Zwischengefüge, die mehr oder weniger Martensit enthalten, der dem gehärteten Werkzeugstahl die Härte gibt. Dasselbe erreicht man, wenn man den Austenit schroff abschreckt und dann bis zu 250° wieder erwärmt, „Anlassen" genannt. Dabei zerfällt ein Teil der Martensitkristalle zu Ferrit, Perlit und Zementit, wie oben beim Austenit besprochen.

5.13 Besondere Wärmebehandlungen des Stahles[1] (vgl. DIN 17014). Einige wichtige Glühverfahren seien hier kurz erläutert.

Normalglühen ist ein Glühen 20 bis 30° über derjenigen Temperatur, bei der sich das Stahlgefüge in Austenit umwandelt (Linie A 3 im Eisenkohlenstoffschaubild, s. Werkstattbuch Heft 121). Es ist dieselbe Temperatur, auf die man Werkzeugstahl beim Härten erwärmen muß. Anschließend folgt Abkühlung an ruhender Luft. Die Glühzeit soll nicht länger sein, als zur vollständigen Durchwärmung des Glühgutes nötig ist. Das Ziel dieser Behandlung ist die Beseitigung von grobem oder ungleichmäßigem Gefüge und damit vor allem die Verbesserung der Dehnungswerte des Stahles.

Weichglühen ist ein Glühen dicht unter der Temperatur von 721 °C oder ein Pendeln um diese Temperatur. Dabei entsteht ein Gefüge, das für die Bearbeitung der Werkstücke mit spanabhebenden Werkzeugen besonders günstig ist.

Spannungsfreiglühen erfolgt meist bei 550 bis 650 °C. Entscheidend für den Erfolg ist die Abkühlung, die so langsam sein muß, daß die Temperaturen im Innern mit den Temperaturen an der Oberfläche gleichen Schritt halten, weil Temperaturunterschiede wieder neue Spannungen hervorrufen würden.

Rekristallisationsglühen. Durch Kaltverformung des Stahles (Ziehen, Walzen, Schlagen usw.) wird das Gefüge durch Zertrümmerung der Kristalle feinkörnig, der Werkstoff verfestigt und spröde. Um ihn wieder bildsamer zu machen, kann man durch Glühen unter 721 °C, meist zwischen 550 und 720 °C mit nachfolgendem langsamem Abkühlen das Gefüge zu einer Neubildung der Kristalle anregen. Das Neuwachstum der Kristalle beim Glühen hängt von dem Grade der vorhergegangenen Kaltverformung ab. Wo diese gering war, etwa unter 15%, wächst das Korn sehr schnell und wird grob. Das eigentliche Feinkorn (günstigste Festigkeits- und Dehnungsverhältnisse) entsteht nach etwa 30% vorhergegangener Verfestigung. Bei ungleichmäßig verteilten Verformungen führt das Rekristallisationsglühen daher stellenweise zu schädlicher Grobkornbildung, die durch „Normalglühen" wieder beseitigt werden kann.

5.14 Fehler im Stahl[2]. *Seigerungszonen* entstehen durch das Auswalzen von Entmischungszonen im Stahlblock. Die Fremdbestandteile, wie z. B. die Phosphide, haben einen niedrigeren Schmelzpunkt als das Eisen, weshalb sich diese flüssigen Bestandteile beim Erstarren in diejenigen Teile des Blockes zusammenziehen, die am längsten warm sind; das sind in der Regel die inneren Zonen. Werden diese Blöcke dann zu Blechen oder Profilen ausgewalzt, so befinden sich bei solchen Stählen im Inneren Zonen mit einer ganz anderen Zusammensetzung wie das Grundmaterial (Seigerungszonen). Solche Zonen, die vor allem in unberuhigten Stählen vorkommen, kann man durch Schleifen, Polieren und Ätzen leicht nachweisen (s. Bilder 5.01 u. 5.02). Es ist gefährlich, solche Zonen beim Schweißen anzuschmelzen, da die Gefahr besteht, daß sich die dort befindlichen Fremdbestandteile in die Schweißnaht ziehen und die Güte der Naht beeinträchtigen. Daher sollte der Konstrukteur Schweißnähte bei unberuhigten Stählen nicht an solche Stellen legen, die seigerungsverdächtig sind, und der Schweißer bestrebt sein, an solchen Stellen keinen zu tiefen Einbrand zu erzeugen (z. B. durch Wahl zu dicker Elektroden, durch zu hohe Stromstärke, durch zu langsames Ausziehen, „Stauchen", der Naht).

Ein zweiter Fehler, der sich für geschweißte Konstruktionen sehr ungünstig auswirkt, sind die *Doppelungen*; sie kommen dadurch zustande, daß beim Walzen die einzelnen Schichten des Werkstoffes nicht fest genug verbunden sind und deshalb nur mehr oder minder lose übereinanderliegen. Bei Kreuzproben (s. Bild 5.03) kann daher bei entsprechender Beanspruchung ein Ablösen der einzelnen schichtartigen Werkstoffteile eintreten. Doppelungen können durch Ultraschallprüfungen nachgewiesen werden; also ist bei wichtigen Verbindungen ähnlicher

---

[1] Siehe Werkstattbuch Heft 7: MALMBERG, Glühen, Härten und Vergüten des Stahles, 7. Aufl. 1961.

[2] Siehe auch Werkstattbuch Heft 64: KAUCZOR, Angewandte Metallographie, 4. Aufl. 1962.

Konstruktion (z. B. Stoßbleche) das betreffende Teil vorher einer solchen Prüfung zu unterziehen.

5.15 Stahlsorten. Am meisten verwendet werden als Massenbaustähle *unlegierte Stähle* mit Festigkeiten bis zu 70 kp/mm² sowie Hochbaustähle, z. B. St 52 (Mindestfestigkeit 52 kp/mm²) und St. 50 meS, d. h. Stähle „mit erhöhter Streckgrenze", Stähle für nahtlose Rohre,

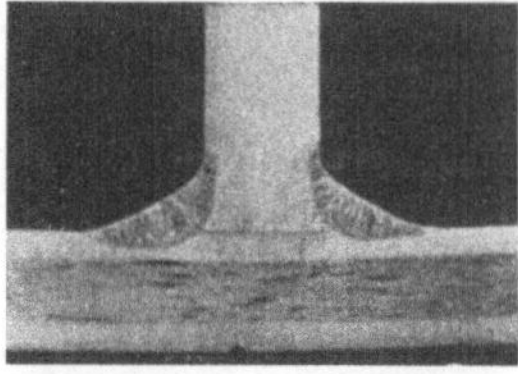

Bild 5.01. Kehlnähte an geseigerten Blechen

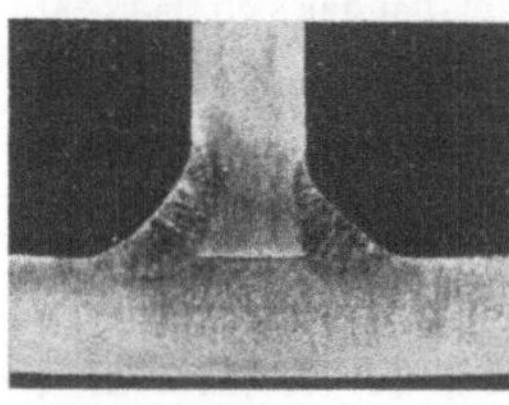

Bild 5.02. Kehlnähte an geseigerten Blechen

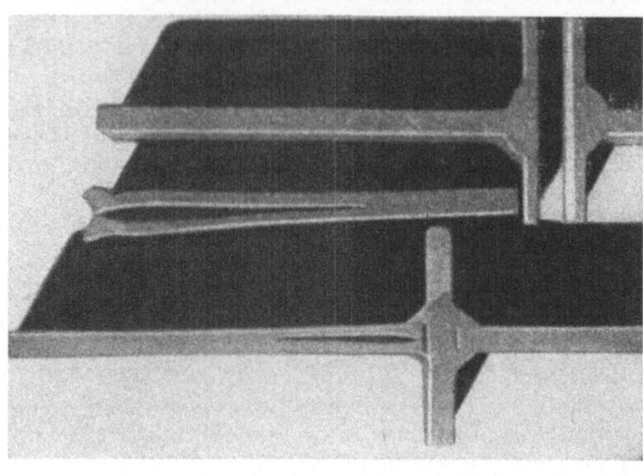

Bild 5.03. Aufspalten eines Bleches infolge Walzfehlers
(Doppelung eines Bleches)

unlegierte Einsatz- und Vergütungsstähle, Kesselbleche, Schiffsbleche. Sie entsprechen den Normen DIN 17100 = Allgemeine Baustähle; DIN 1623 = Feinbleche; DIN 1629 = Nahtlose Flußstahlrohre; DIN 17155 = Nahtlose Stahlrohre mit gewährleisteten Warmfestigkeitseigenschaften; DIN 17210 = Einsatzstähle; DIN 17200 = Vergütungsstähle; DIN 17155 = Kesselbleche.

Man unterscheidet 3 Gütegruppen: *Gruppe 1*, meist unberuhigter Thomasstahl, zu verwenden für nicht zu dicke Bleche mit ruhender Belastung bei normalen Temperaturen;

Gruppe 2, meist Siemens-Martin- oder im Sonderblasverfahren erzeugte Stähle (DIN 17100: M- oder W-Stähle) mit geringem P- und N-Gehalt, für Konstruktionen mit größeren Werkstoffdicken;

Gruppe 3, für besonders schwere Belastung, auch bei Temperaturen bis zu − 10 °C.

Bei Temperaturen unter − 30 °C müssen legierte Sonderstähle vorgesehen werden. Da die Stähle mit steigender Gütegruppe teurer werden und meist auch längere Lieferzeiten haben, ist die Auswahl sorgfältig zu treffen[2].

Beispiele für kaltzähe, schweißbare ferritische Stähle für tiefere Temperaturen (s. auch AD-Merkblatt[1] W 10)

Stahlart	Bezeichnung	Ni-Gehalt %	Tiefste Temperatur
Unlegierte Stähle	St 34	—	− 10 °C
Unlegierte alterungsbest. Feinkornstähle		—	− 30 °C
Niedrig legierte vergütete Feinkornstähle	18 Ni 2	0,6	− 50 °C
„ „ „ „	14 Ni 6	1,5	− 80 °C
„ „ „ „	16 Ni 14	3,5	−120 °C
Hoch legierte Stähle	8 Ni 36	9,0	−200 °C

[1] Aufgestellt als „Regeln der Technik" von der „Arbeitsgemeinschaft Druckbehälter (AD)", einem Zusammenschluß technischer Verbände; zu beziehen durch den Beuth-Vertrieb GmbH, Berlin 15 und Köln.

Bei den Baustählen höherer Festigkeit liegt das Bestreben vor, ohne Warmbehandlung die Streckgrenze zu erhöhen, ohne die Gefahr der Härtung beim Schweißen zu groß werden zu lassen. Das kann durch Zugabe von Legierungsbestandteilen erfolgen bei Begrenzung des

[2] Siehe „Katalog zur Wahl der Stahlgütegruppen für geschweißte Stahlbauten". Fachbuchreihe Schweißtechnik Bd. 26. Düsseldorf: Deutscher Verlag für Schweißtechnik 1962.

Kohlenstoffgehaltes auf etwa 0,2%. Bei der bekanntesten Sorte dieser Art, St 52, sind die entscheidenden Legierungszusätze Si und Mn. Die Streckgrenze hängt auch von der Werkstoffdicke ab. Grobkornbildung wird durch geringe Zusätze von Cr und Mo vermieden. Bei Blechdicken über 25 mm ist das Vorwärmen auf 250 °C zu empfehlen. Starke dynamische Beanspruchungen verlangen Spannungsfreiglühung. Bei den „meS-Stählen" wird Al zugegeben. Durch Bildung von Aluminiumnitriden wird der Schubwiderstand in dem Werkstoff erhöht, was sich äußerlich als erhöhte Streckgrenze bemerkbar macht. Außerdem verursacht der Al-Gehalt das erwünschte Feinkorn.

Niedriglegierte Stähle, nach den Richtlinien des VDE mit folgenden höchsten Zusätzen: Si > 0,5%; Mn > 0,8%; Ti oder Al > 0,1%; Cu > 0,25%. Nach der Güte (Preis) gibt es 3 Gruppen: Massenbaustähle, Qualitätsstähle mit S- und P-Gehalten unter 0,04% und Edelstähle mit S- und P-Gehalten unter 0,035%. Die letzten eignen sich besonders für Arbeiten mit gewollten Gefügeumwandlungen (z. B. Härten).

Unlegierte Einsatzstähle lassen sich schweißen; bei C 22 empfiehlt sich nach dem Schweißen ein Spannungsfreiglühen bei 650 °C. Bei *legierten* Einsatzstählen sind die karbidbildenden Elemente wie Cr, Mo, Va, Wo entscheidend, da Bindungsgefahr hoher Kohlenstoffgehalte besteht, vor allem wenn Ni und Mn fehlen. Daher sind z. B. Ni-freie Stähle beim Schweißen besonders vorsichtig zu behandeln, da sonst „Zementitschalenbildung" eintreten kann (Rißgefahr). In ungeschweißten Werkstoffen dieser Art finden sich oft Schlackenzeilen als Folge der O-Aufnahme bei den vorhandenen niederen C-Gehalten, die dann ähnliche Auswirkungen haben wie Doppelungen.

Vergütungsstähle zeichnen sich durchweg durch höheren C-Gehalt aus und sind daher schwer oder gar nicht schweißbar.

Hochgekohlte unlegierte Stähle sind als unschweißbar zu bezeichnen. Das gleiche gilt für Federstähle (Reparatur als Notlösung).

Werkzeugstähle sind bei entsprechender Wärmebehandlung schweißbar; es fragt sich nur, ob der notwendige Aufwand das Ergebnis lohnt.

Hochlegierte Stähle. Die Summe der Legierungsbestandteile ist höher als 5%; nach dem Gefügeaufbau unterscheidet man *austenitische* Stähle mit höheren Ni-Gehalten, *ferritische* Stähle mit geringem Ni-Gehalt und gewissen Übergangsstufen. Diese Stähle zeichnen sich durch Festigkeit bei höheren Temperaturen, durch Rost- und Verzunderungsfestigkeit aus. Beim Schweißen entsteht die Schwierigkeit, daß Chrom, das für die Rostsicherheit entscheidend ist, an den Kohlenstoff gebunden wird, wodurch seine Schutzwirkung ausfällt. Gegenmaßnahmen: Entwicklung von Stählen mit äußerst niedrigen Kohlenstoffgehalten („Supraqualitäten") oder Zulegieren von karbidstabilisierenden[1] Elementen (Niob...) („Extraqualitäten").

Manganhartstahl hat etwa 1% C und 14% Mn. Sein stabiles Austenitgefüge bei Temperaturen über 950 °C kann durch Abschrecken auch bei Raumtemperaturen erhalten werden. Daher „kaltschweißen", abschrecken. Durch Schlagbeanspruchung („Kalthärtung") wandelt sich die Außenschicht in Martensit um. Beim Schweißen besteht Gefahr durch Warmrisse, Abkühlungsrisse, Anlaßsprödigkeit und Härterisse. *9% Nickelstahl* ist ein Feinkornstahl mit besonderen kaltzähen Eigenschaften für Druckbehälter bei niederen Temperaturen.

5.16 Stahlguß. Beim Stahlguß sind die Schwierigkeiten grundsätzlich größer als bei den Stählen gleicher Zusammensetzung (verschiedene Gefügeschichten von der Oberfläche nach innen, Seigerungen und Lunker). Außerdem liegt Stahlguß meist in dickeren Querschnitten vor als die Stähle, woraus eine erhöhte Gefahr der Härtebildung entsteht.

5.17 Gußeisen. Nach der Gefügeausbildung gibt es verschiedene Sorten:

Beim Gußeisen mit Lamellengraphit (DIN 1691) scheidet sich der Kohlenstoff infolge der chemischen Zusammensetzung des Grundmaterials und des Erstarrungsvorganges als verschieden geformte *Graphitplättchen* aus. Form und Menge des Graphits bewirken kennzeichnende Eigenschaftsunterschiede. Es können Gefügezustände von reinem Ferrit über die verschiedenen Zerfallsstufen des Austenits (Perlit, Martensit, Zwischenstufengefüge) auftreten. Von Bedeutung können auch *Phosphide* sein: eingelagerte Gefügebestandteile mit relativ niedrigem Schmelzpunkt. *Nickel* wird als Legierungselement zum *verschleißfestem* Guß mit martensitischer Grundmasse zur Erniedrigung der kritischen Abkühlungsgeschwindigkeit zugegeben. Es entsteht „Nickelmartensit".

Temperguß (DIN 1692: weiß = GTW, schwarz = GTS, perlitisch = GTP) hat im Gußzustand ein zementitisches, graphitfreies Gefüge. Erst die nachträgliche Wärmebehandlung gibt die für Temperguß genormten Festigkeitseigenschaften. Hierbei entsteht die kennzeichnende Ausscheidung des Kohlenstoffs (Temperkohle, kugelförmig) und die stahlähnliche Grundmasse. Wird Temperguß *entkohlend* geglüht, so ist die Grundmasse über eine bestimmte Randzone ferritisch *(weißer Temperguß)*. Bei der schweißbaren Güte ist bis zur Wanddicke von etwa

---

[1] stabilisieren = beständig machen. Siehe Werkstattbuch Heft 50: HEINRICH, Die Werkzeugstähle, 2. Aufl. 1964, S. 6 u. 10.

8 mm der gesamte Kohlenstoff durch Glühen entfernt, so daß praktisch ein C-armer Stahlguß (rund 0,3% C) vorliegt, der beim Schweißen nicht die Schwierigkeiten der C-reichen Gußsorten in sich birgt. Schweißbarer Temperguß enthält betont wenig Silizium und Schwefel. *Schwarzer* und *perlitischer* Temperguß werden in neutraler Atmosphäre auf rein ferritisches bzw. perlitisches Grundgefüge geglüht. Schwarzer Temperguß gilt als praktisch unschweißbar.

Kugelgraphitguß (DIN 1693) entsteht durch besondere Legierungszusätze und besondere Schmelzbehandlung. Da der kugelige Graphit die Grundmasse kaum schwächt, sind hohe Festigkeitswerte kennzeichnend. Die Dehnwerte hängen weitgehend vom Gefügezustand der stahlähnlichen Grundmasse ab.

Beim *Wachsen des Gußeisens* tritt Zerfall des Eisenkarbids insbesondere bei ferritisierender Glühung auf, da C in freier Form einen größeren Raum einnimmt als gebunden im Zementit. Die Schweißbarkeit des Gußeisens wird herabgesetzt durch groblamellenartigen Graphit, durch hohen S-Gehalt, durch Sandgehalt (verbranntes Si, „verbrannter Guß"). P ergibt durch Bildung des niedrigschmelzenden Phosphideutektikums betonte Gefahr der Seigerungen.

5.2 Nicht-Eisen (NE)-Schwermetalle und -Legierungen

Die für das Schweißen wichtigsten Eigenschaften des *Kupfers* sind die große Wärmeleitfähigkeit und Gaslöslichkeit. Kupfer bildet mit Sauerstoff die chemische Verbindung Cu_2O (Kupferoxydul), das einen niedrigen Schmelzpunkt hat, im Kupferschmelzbad löslich ist, dieses dickflüssig macht und die Zähigkeit der Schweiße stark herabsetzt. Wasserstoff diffundiert leicht in die flüssige Schweiße und verursacht das „Aufblasen". Rißbildung kann die Folge sein. Daher muß die Schweißstelle sauber sein.

Die Festigkeit von Cu hängt von der Größe der Kaltverformung ab (Steigerung der Festigkeit, Absinken der Dehnung). Oberhalb 850 °C tritt starkes Kornwachstum ein; deshalb sind wegen der geringen Wärmezufuhr Lichtbogenschweißungen feinkörniger als Gasschweißungen. Die Kupfersorten werden je nach Reinheitsgrad mit Buchstaben bezeichnet, z. B. A–Cu. Bei Kupfer, das keinen gebundenen Sauerstoff enthält, wird ein S vor die Bezeichnung gesetzt, z. B. SA–Cu. Nur solche Marken sowie elektrolytisch erzeugtes Kupfer (KE–Cu) sollten zum Schweißen verwendet werden.

Zinnbronze neigt leicht zu Seigerungen und Porenbildung. Das Zinnoxyd (SnO_2) löst sich im Schmelzbad und verursacht Sprödigkeit. Die Legierungen sind durchweg dickflüssig. *Aluminiumbronze* läßt sich gut schweißen. Die Nahtfestigkeit erreicht 75 kp/mm² bei Dehnungen bis zu 28%. Die Umhüllmassen der Elektroden sind hygroskopisch, deshalb müssen solche Elektroden trocken gelagert werden. *Nickelbronze* läßt sich um so leichter schweißen, je niedriger der Nickelgehalt ist. Die Schweißbarkeit von hochnickelhaltigen Legierungen ist fraglich. Kupfer-Zink-Legierungen (*Messing*) spielen für das Lichtbogenschweißen wegen der Zinkverdampfung eine untergeordnete Rolle.

5.3 Leichtmetalle und Legierungen

Aluminium hat etwa die doppelte spezifische Wärme und Schmelzwärme und auch den doppelten Ausdehnungsbeiwert wie Eisen; seine Wärmeleitfähigkeit ist etwa dreimal so groß wie die von Eisen. Die Oxydation beginnt schon bei Zimmertemperatur und steigert sich bei höheren Temperaturen. Die Oxydhaut (Al_2O_3) ist zäh. Da ihr Schmelzpunkt etwa dreimal so hoch liegt wie der von Aluminium, ist sie praktisch beim Schweißen unschmelzbar. Sie kann nur durch Einwirken von Flußmitteln – meist Fluoriden – angegriffen und gelöst werden. Beim Schutzgasschweißen kann auf Flußmittel verzichtet werden, die Zerstörung des Oxydfilmes findet hierbei durch den Lichtbogen statt. Man unterscheidet nach DIN 1712 Reinstaluminium, Reinaluminium und Hüttenaluminium.

Aluminium-Knetlegierungen nach DIN 1725, *Magnesium-Knetlegierungen* nach DIN 1729. Nach dem inneren Aufbau unterscheidet man die Aluminiumlegierungen in härtbare und nichtaushärtbare. Die Aushärtung beruht auf der Nichtlösungsmöglichkeit bestimmter Metalle, z. B. Kupfer, in Al bei Temperaturen unter 550 °C. Dementsprechend besteht das Aushärten aus einem Lösungsglühen, einem Abschrecken und dem Altern, das bei Temperaturen um 200 °C („Warmauslagern") oder bei Zimmertemperatur vor sich geht. Bei den nichthärtbaren („naturharten") Legierungen ist ähnlich wie bei Aluminium die Festigkeit eine Funktion der Kaltformung.

Aluminium-Gußlegierungen nach DIN 1725, *Magnesium-Gußlegierungen* nach DIN 1729 werden in Sand-, Kokillen- und Druckgußlegierungen unterteilt. Auch hier kann man eine Gliederung nach härtbaren und naturharten Legierungen vornehmen.

6. Zusatzwerkstoffe

6.1 Allgemeiner Überblick

6.11 Bedeutung. Bei den Werkstoffen für das Auftragsschweißen ist das Material der Unterlage mit seinen Eigenschaften an der Erfüllung der verschiedenen Forderungen wenig beteiligt. Sieht man von diesem Sonderfall ab, so muß das Verbindungsmaterial zunächst eine ausreichende Bindefähigkeit gegenüber den Grundwerkstoffen besitzen, seine mechanischen Eigenschaften (Zug- bzw. Druckfestigkeit, Dehnung, Kerbschlagfestigkeit) müssen befriedigende Werte haben; daneben sollen bestimmte wirtschaftliche Eigenschaften (Schnelligkeit des Niederschmelzens, Menge des Ausbringens, Beschaffungskosten) erfüllt und verschiedene betriebliche Verhaltensweisen (Schweißen in verschiedenen Lagen, Spaltenüberbrückbarkeit, leichte Entfernung der entstehenden Schlacke, möglichst wenig Spritzer) gegeben sein. Dadurch, daß also der Zusatzwerkstoff (die Elektrode) sowohl eine Art Werkzeug ist als auch eben durch den Stoff selbst wirken muß, sind die Anforderungen sehr vielgestaltig, und es ist schwierig, wenn nicht unmöglich, sie alle vollständig zu erfüllen. Teilweise durch Normung, teilweise durch anerkannte Regeln der Technik wurde versucht, diese anstehenden Fragen zu klären. Es ist aber nicht zu vermeiden, daß viele damit im Zusammenhang stehende Probleme z. Z. einer einwandfreien Deutung noch nicht zugänglich sind.

6.12 Einteilung. Die verschiedenen Arten von Zusatzwerkstoffen kann man zunächst nach dem Werkstoff in Zusatzwerkstoffe für Stahl und NE-Metalle unterteilen; dann nach dem Durchmesser der verwendeten Drähte, ferner nach der Oberfläche oder dem inneren Zustand (z. B. blanke, umhüllte, schlackenversetzte Elektroden), dann nach dem Verwendungszweck (Elektroden für das Handschweißen, Zusatzdrähte für UP-Schweißen...) und schließlich nach der Aufgabe (Elektroden für Verbindungs-, Auftrags-, Schneidarbeiten).

6.13 Arten und Bezeichnungen der Stahlelektroden. Die sowohl in technischer als auch in wirtschaftlicher Hinsicht wichtigsten Zusatzwerkstoffe sind die Elektroden für das Handschweißen, die in der Regel runden, für seltene Sonderarbeiten ovalen, neuerdings für manche Auftragsarbeiten rechteckigen Querschnitt haben.

6.131 Für Verbindungsarbeiten unterscheidet DIN 1913 nach der Oberfläche der Drähte: Nackte Elektroden (Type 0), Seelenelektroden (Type 00) und umhüllte Elektroden, diese weiter nach dem Charakter der Umhüllung in die Typen: Titandioxyd (Ti), erzsaure (Es), oxydische (Ox), kalkbasische (Kb), Zellulose- (Ze) und Sondertype (So). Dazu ist festgelegt: d bedeutet dünn umhüllt mit einer größten Umhüllungsdicke von 1,2mal Drahtdurchmesser, m = mitteldick mit einer solchen von 1,45mal Drahtdurchmesser und s = sehr dick umhüllt.

Nach den mechanischen Festigkeitswerten sind die Elektroden in Güteklassen I bis XIV (es fehlen die Klassen IV und VI) eingeteilt. Grundsätzlich muß die Zugfestigkeit der Schweißverbindung gleich der Mindestfestigkeit des Baustahles sein (Ausnahme bei meS St 70—2). Für die oberen Klassen sind die Mindestwerte für Biegewinkel und Kerbschlagzähigkeit angegeben, ferner in einer Aufstellung Anwendungsbereiche der einzelnen Klassen für die meist vorkommenden Stahlsorten.

Die *deutsche* Kurzbezeichnung enthält nur die Typenbezeichnung, die Klasse und die Umhüllungsdicke. Die *internationale* Kennzeichnung (ISO) enthält daneben Klasseneinteilung der Festigkeit (Ziffer 0 bis 6 = Festigkeit von „nicht angegeben" bis 60 kp/mm²), der Bruchdehnung (Ziffer 0 bis 5 = Dehnung von „nicht angegeben" bis 30%), Kerbschlagzähigkeit (Ziffer 0 bis 5 = Kerbschlagzähigkeit von „nicht angegeben" bis 13 kpm/cm²). Außerdem werden die Schweißlagen, in denen die Elektrode zu verarbeiten sind, durch Ziffern gekennzeichnet, und zwar:

1 für alle Lagen (w, h, s, f, q, ü), 2 für alle Lagen mit Ausnahme der Fallnaht (w, h, s, q, ü),
3 nur für waagerechte Lage (w, h, s), 4 nur für Wannenlage (w). Schließlich wird auch mit den
Ziffern 0 bis 9 die Stromkreischarakteristik (Gleich- oder Wechselstrom, Polung, Leerlaufspannung des Trafos) festgelegt.

1. Beispiel: Ti VI m/322/12 bedeutet: Umhüllung Titandioxyd (meist rutilhaltig); VI geeignet für die Stahlsorten St 37 bis St 52, außerdem für HI, HII, HIII; m = mitteldick umhüllt. Anschließend ISO-Kennzeichen: 3 = Mindestfestigkeit = 48 kp/mm²; 2 = Mindest-
dehnung = 18%; 2 = Mindestkerbzähigkeit = 7 kpm/cm²; 1 = schweißbar in den Lagen
w, h, s, f, q, ü; 2 = schweißbar mit Wechselstrom oder am besten mit Gleichstrom negativer
Polung und Leerlaufspannung mindestens 50 Volt.

2. Beispiel: Es VIII s/322/22 bedeutet: Umhüllung erzsauer (Eisenoxyd, Manganoxyd,
Ferromangan, desoxydierende Bestandteile); VIII = geeignet für die Stahlsorten St 34 bis
St 42, außerdem für HI und HII; s = stark umhüllt. ISO-Kennzeichnung s. o. 2 = schweißbar
in den Lagen w, h, s, q, ü.

3. Beispiel: Tf Ti VII/45 bedeutet: Tiefeinbrandelektrode mit Titandioxydumhüllung;
VII geeignet für Stähle St 37 bis St 52; Lichtbogenspannung mindestens 45 Volt (d. h. entweder
2 gewöhnliche Schweißstromquellen hintereinanderschalten oder Sonderstromquelle verwenden).

6.132 Für Auftragsschweißungen nach DIN 8555 gelten für das Verfahren
die Kurzzeichen: E = Lichtbogenschweißen, SG = Schutzgasschweißen; die nach-
folgende Ziffer bedeutet eine Härtestufe des niedergeschmolzenen Schweißgutes
ohne Wärmebehandlung, z. B. 150 = 125 bis 175 kp/mm² oder 40 = 37 bis 42 HRC.
Für Wärmebehandlung gilt „w". Die Eigenschaften sind festgelegt in z = hitzebeständig (zunderbeständig) für Temperaturen über 600 °C, r = rostbeständig nur
gegen Einfluß von Wasser und Atmosphärilien, c = korrosionsbeständig, d. h.
außer gegen Wasser auch gegen andere Agenzien, t = warmfest (temperaturfest
im Sinne von Warmarbeitswerkzeugstählen), s = schneidhaltig (Schnellarbeits-
stähle), k = kaltverfestigungsfähig. Die Verschleißeigenschaften des Schweißgutes sind von einer kaltverfestigenden Nachbehandlung abhängig. Sie kann
durch nachträgliches Hämmern oder Pressen, aber auch ohne eine solche Nachbehandlung erreicht werden, wenn das Schweißgut im Betrieb selbst einer Druck-
beanspruchung — rollenden oder schlagenden Beanspruchung — unterliegt (z. B.
Hartmanganaustenite).

1. Beispiel: E 200 cz umhüllt = umhüllte Elektrode mit einer Brinellhärte des Schweißgutes von 200 kp/mm², das zugleich korrosionsbeständig (c) ist und hitzebeständig (z).

2. Beispiel: E 250 k umhüllt = umhüllte Elektrode mit einer Brinellhärte des Schweißgutes von 250 kp/mm², das zugleich kaltverfestigungsfähig ist.

3. Beispiel: E 60 (65 w) s umhüllt = umhüllte Elektrode, deren Schweißgut in wärme-
behandeltem (gehärtetem) Zustand eine Rockwell-Härte von 65 HRC erreicht und in diesem
Zustand schneidhaltig ist.

6.2 Stahlelektroden für Verbindungshandschweißungen

1. Nackte Elektroden (Type 0): Oberfläche hat gewisse geringe Mengen an lichtbogenstabilisierenden Stoffen, großtropfiger Werkstoffübergang, geringe Schlacken-
menge, flacher Einbrand, gute Spaltenüberbrückbarkeit, geringe Rißempfindlichkeit und Verformungsvermögen, geringe Wärmespannungen, geringe Schweißgeschwindigkeit, nur mit Gleichstrom zu verschweißen. Anwendung nur für einfache Arbeiten, bei denen es auch nicht auf gute Oberfläche ankommt, insgesamt
nur selten verwendet, da meist auch die Schweißgeschwindigkeit zu niedrig ist.

2. Seelenelektroden (Type 00): Füllung aus lichtbogenstabilisierenden Stoffen,
daher auch in gewissem Grade mit Wechselstrom verschweißbar. Eigenschaften
etwas ähnlich denen der Type 0, jedoch bessere Verformungsfähigkeit des Naht-
werkstoffes. Anwendung aber doch verhältnismäßig selten, Spezialanwendung für
Wurzellagen.

3. Erzsaure Type (Type Es): Meist dickumhüllte Elektrode, die für alle Stromarten, vor allem für Akkordarbeiten und alle Schweißlagen mit Ausnahme der Fallnaht verwendet werden bann. Werkstoffübergang feintropfig, leicht entfernbare Schlacke, heißgehend, daher tiefer Einbrand und mäßige Spaltenüberbrückbarkeit; warmrißempfindlich, vor allem bei unberuhigten Stählen; daher sind bei Verwendung solcher Elektroden auf keinen Fall Seigerungszonen auszuschmelzen. Oberfläche der Naht flach und feinschuppig. Elektrode wird viel verwendet.

4. Titandioxydtype (Type Ti): Meist mitteldick oder dick umhüllt. Werkstoffübergang mittel- bis feintropfig für alle Schweißlagen, leichtentfernbare Schlacke, Naht weniger rißempfindlich als die Es-Typen. Glatte Nahtoberfläche ohne große Überhöhung, gute mechanische Eigenschaften; viel verwendet, insbesondere auch für Feinbleche.

5. Oxydischer Typ (Type Ox): Stark umhüllte Elektrode mit sehr glatter Nahtoberfläche und sehr leichter Entfernbarkeit der Schlacke. Für alle Stromstärken geeignet, heißgehend, meist nur für Wannenlage, geringe mechanische Festigkeitseigenschaften, Warmrißanfälligkeit, weshalb auch hier das Anschmelzen von Seigerungszonen vermieden werden muß. Anwendung vor allem dort, wo es auf glatte Nahtoberfläche besonders ankommt.

6. Kalkbasische Type (Type Kb): Meist stark umhüllt, vorwiegend für Gleichstromschweißung, Sondertypen aber auch mit Wechselstrom verschweißbar; für alle Schweißlagen geeignet, Schlacke nicht leicht entfernbar, Spaltüberbrückbarkeit gut, vor allem aber für schwerschweißbare Stähle verwendet, auch für solche mit höheren C-Gehalten, mit hohen Gütewerten auch an dicken Querschnitten.

7. Zellulosetype (Type Ze): Meist mitteldick umhüllt, mit Gleichstrom zu verschweißen, geringe, leicht zu entfernende Schlackendecke, sehr gute Spaltenüberbrückbarkeit, wenig rißempfindlich, für alle Schweißlagen, insbesondere für Fallnähte, gute mechanische Gütewerte, vor allem für Wurzelschweißung in Zwangslage.

Neben diesen Grundtypen gibt es z. Z. viele Mischtypen, die man je nach Überwiegen der verschiedenen Eigenschaften der einen oder anderen Grundtype zurechnen kann.

8. Tiefeinbrandelektrode (Type Tf): Insbesondere in Verbindung mit einer Stromquelle mit höherer Lichtbogenspannung (50 bis 60 V), mit einem besonders tiefen Einbrand, so daß eine Kantenabschrägung bis zu einem gewissen Grade entbehrt werden kann. Nach den Umhüllungsarten kann man diese dickumhüllten Elektroden in die Gruppe der Es-, Ti- oder Ox-Type einordnen. Der tiefe Einbrand kommt dadurch zustande, daß die Lichtbogenstrecke durch die besonderen Stoffe der Umhüllung einen besonders großen elektrischen Widerstand hat. Einbrand ist meist gleich Elektrodendicke $+ 2$ mm. Es werden fast ausschließlich 5-mm-Elektroden verwendet.

9. Hocheisenpulverhaltige Elektroden (Type Fe): Andere Namen für diese Type: Hochleistungs-, Ausbringungs-, Eisenpulver-, Kontakt- oder auch Schleppelektroden. Durch Beimischung von Eisenpulver zu der Umhüllung beträgt die Ausbringung (das ist Schweißgutgewicht einer Elektrode mal 100, dividiert durch das zugehörige Kerndrahtgewicht) über 120%. Nach der Umhüllungsart kennt man Es-Type (für lange dicke Nähte an nicht geseigerten Blechen, Ausbringung bis zu 200%), Ti-Type (für lange dünne Nähte mit großer Ausziehlänge) und Kb-Type (für schwer zu schweißende Stähle). Anwendung meist zum Ausfüllen von Nähten, also nicht für die erste Lage; das gilt für Stumpfnähte ebenso wie für Kehlnähte. Vorteil der Fe-Elektrode: Zeitersparnis vor allem dort, wo man dann mit einer Einlagenschweißung auskommen kann; ferner, da in Berührung mit dem Werk-

stück (ohne Kurzschluß!) verschweißbar. Verwendung als Kontakt- oder Schleppelektroden.

6.3 Stahlelektroden
und Zusatzwerkstoffe für maschinelle Verbindungsschweißungen

6.31 Schutzgasschweißungen. Bei dem WIG-Verfahren werden unlegierte,
niedrig- und hochlegierte Drähte verwendet, die dem jeweiligen Werkstoff angepaßt sind.

Bei dem MIG-Verfahren mit Argonschutzgas ist man bestrebt, möglichst fein-
tropfigen Werkstoffübergang zu erzielen. Das kann man bei den unlegierten und
niedriglegierten Stählen durch Zugabe von Sauerstoff zu dem Schutzgas (bis zu
3%) erreichen; bei den hochlegierten Stählen genügt eine Zugabe von 1% Sauerstoff. Die Zusammensetzung der Drähte für das Kohlensäureschutzgasschweißen
ist anders, da hier ein oxydischer Einfluß des Lichtbogens vorhanden ist. Schlacken-
decken entstehen bei Verwendung aller dieser Drähte nicht, es sei denn, man arbeitet
mit Falzdraht (und Kohlensäureschutzgas), der im Kern lichtbogenstabilisierende
Stoffe enthält; diese Schlackendecke ist leicht zu entfernen.

6.32 Unterschienenschweißung. Die Elektrodenlänge ist dem Verwendungszweck
angepaßt, die Umhüllung entspricht der Es- oder Ox-Type. Bei dem Magnetgürtel-
schweißverfahren werden die Längen der vorliegenden Arbeit angepaßt. Umhüllungen verschiedenartig, neuerdings sogar ähnlich der Kb-Type.

6.33 Netzmantelelektroden. Kerndraht 2,5 bis 6 mm, der im Rechts- und Links-
schlag von 4 Drähten mit 0,9 bis 1,1 mm Durchmesser der gleichen Zusammensetzung wie der Kerndraht umwickelt ist. Die freien Räume zwischen den Um-
wickeldrähten und dem Kerndraht sind mit Umhüllstoffen ausgefüllt, die der Es-
oder der Kb-Type entsprechen. Es sind wohl solche Drähte für alle üblichen unlegierten, niedrig- und hochlegierten Stähle entwickelt worden.

6.34 Zusatzdrähte und Pulver für das UP-Schweißen. Da das Gefüge der UP-
Schweißung zu $^2/_3$ aus dem Grundwerkstoff und nur zu $^1/_3$ aus dem Drahtwerkstoff
besteht, muß dieser dem Grundwerkstoff besonders angepaßt sein. Drahtdurchmesser 1,6 bis 12 mm. Für Sonderzwecke (Auftragsarbeiten) werden neuerdings
auch Flachprofile (60×0,5 mm) verwendet.

Es gibt im wesentlichen 2 Arten von *Pulver*: Das geschmolzene Pulver, das aus
kantigen, glasigen Körnern besteht und das gesinterte, bei dem die Körner rund
und bröckelig sind. Je größer der basische Charakter der entstehenden Schlacke ist,
desto größer der Manganzubrand; je saurer die Schlacke, desto größer der Mangan-
abbrand und der Siliziumzubrand. Wichtig ist die Korngröße des Pulvers. Je
kleiner das Korn, um so glatter die Nahtoberfläche. Grobes Korn ist geeignet
für hohe Schweißgeschwindigkeit und unsaubere Bleche; bei solchen Pulversorten
entweichen die Gase schneller und das Schmelzbad erstarrt schneller als bei fein-
körnigem Pulver.

6.35 Elektro-Schlacke-Schweißen. Der Drahtwerkstoff muß dem Grundwerkstoff
angepaßt sein. Auch hier spielt der Charakter der entstehenden Schlacke eine große
Rolle. Durch manganhaltiges (also basisches) Pulver werden höherer Desoxydations-
grad, Manganzubrand und damit hoch qualitative Nähte erzielt. Silizium und Aluminium werden beim Schweißen unberuhigter Stähle zugesetzt.

6.4 Stahlelektroden für Auftragsarbeiten

6.41 Handschweißung. Bei *Reparaturarbeiten* handelt es sich um einfaches Ausfüllen von Löchern, um Auftragen auf abgenutzte Stellen von Werkteilen nach

schlagender, reibender, korrosiver oder kombinierter Beanspruchung. Bei *Neufertigung* kommen Auftragsarbeiten legierter Schichten auf unlegierte Stähle vor. Die verwendeten Drähte richten sich nach der Beanspruchung.

Folgende Einflüsse auf die *Widerstandsfähigkeit* von Auftragungen sind zu beachten: Chemische Zusammensetzung, durch die bestimmte Gefügestrukturen verursacht werden (z. B. C, Mn, Cr aber auch N der Luft); Abkühlungsgeschwindigkeit, die von der Teilgröße, dem verwendeten Elektrodendurchmesser und der Arbeitsweise abhängt. Eine Vermischung mit dem Grundwerkstoff soll weitgehend vermieden werden, daher Entwicklung besonderer Verfahren für Auftragschweißung. Abbrand der Legierungszusätze wichtig, ebenso Verhältnis der Härte der Schicht zu der Härte des Grundwerkstoffes; weiche Unterlagen können bei schlagartiger Beanspruchung zu frühzeitigem Bruch führen, man wählt am besten als Unterlage lufthärtenden Stahl; Art der Bettung der harten Gefügebestandteile ist von Bedeutung; sind die Körner in einer zu weichen Schicht gebettet, so wird diese zu leicht „herausgewaschen", wodurch die Körner, die meistens spröde sind, zu weit herausragen und insbesondere bei schlagartiger Beanspruchung vorzeitig brechen; mittelharte Bettung ist vorzuziehen.

Art der *Beanspruchung:* Bei *schlagartiger* Beanspruchung werden austenitische Gefügeausbildung bevorzugt („Manganhartstahl"), da solches Gefüge durch Kaltformung an Härte bedeutend gewinnt; bei *reibender* Beanspruchung werden Auftragungen angewendet, die Chromkarbide enthalten.

6.42 Maschinenschweißung. Ähnliche Gedankengänge wie oben. Elektroden für UP- und für Schutzgasschweißung, außerdem Netzmanteldrähte.

6.5 Zusatzwerkstoffe für Gußeisenschweißungen

6.51 Gußeisenwarmschweißen. Zusatzstäbe haben einen höheren Silizium- und Kohlenstoffgehalt. Das oft verwendete Flußmittel hat besondere Zusammensetzung; „Hausrezepte" dafür (z. B. kalzinierte Soda, Borax) sind nicht zu empfehlen.

6.52 Gußeisenkaltschweißung. Im allgemeinen haben sich für die Kaltschweißung dickumhüllte Elektroden artfremder Zusammensetzung durchgesetzt. Elektroden ohne Umhüllung sind nur bei Schutzgasschweißung verwendbar.

1. Stahlelektroden. Bei Verwendung dünnumhüllter Elektroden geht die Naht vom Grauguß in das weiche Gußeisen zum Härtegefüge des Stahles bis zum Gußgefüge der Stahlnaht über. Meistens nicht gleichmäßig geschichtet, sondern teilweise untermischt. Alle Gefügekonstellationen können angetroffen werden, vor allem der gefürchtete Ledeburit, der die Bearbeitungswerkzeuge zerstört. Dickumhüllte Elektroden (auch mit Kb-Umhüllung) bringen zusätzlich noch größere Übergangszonen und Wärmespannungen. Stahlelektroden sind deshalb nicht zu empfehlen. Ausnahme vgl. Temperguß GTW-S 38, S. 53.

2. Gußeisenstäbe. Kommen nicht in Frage, da der Schmelzpunkt des Stabes zu niedrig ist und daher keine Bindung zum Grundwerkstoff stattfinden kann. Ferner würde bei der schnellen Erstarrung der harte Gefügebestandteil Ledeburit nicht zu vermeiden sein.

3. Ni- und NiFe-Elektroden. Heute viel verwendet. Durch Ni wird Ledeburitbildung weitgehend unterdrückt, auch günstiger Einfluß auf evtl. Schwefelgehalt und den Ausdehnungskoeffizienten. Meist werden die breit ausgearbeiteten Nahtfugen mit Ni-Elektroden aufgetragen (evtl. auch gehämmert). Naht wird mit NiFe- oder auch mit Stahlelektroden aufgefüllt. Der nicht zu vermeidende harte Martensitfilm stört die Bearbeitung kaum. Die NiFe-Elektroden haben einen Ni-Gehalt zwischen 45 bis 60%. Durch Farbunterschiede, Nichtmagnetismus, Rostfestigkeit ist die Naht äußerlich nachzuweisen.

4. Austenitische Elektroden. Meist auf Basis Cr-Ni. Übergangszonen härter als bei Ni bzw. Fe-Ni; daher an Bedeutung verloren.

5. Cu- und Bronzeelektroden. Aufschwemmen von ledeburitischer oder martensitischer Grundmasse läßt sich kaum vermeiden. Bei Aluminiumbronze bildet sich in der Aufbrennzone eine harte Zwischenphase. Diese Schweißung wird heute kaum angewendet.

6. Monel ($^2/_3$ Ni, $^1/_3$ Cu) wurde früher häufiger verwendet. Wegen der Zähflüssigkeit für Schweißen in Zwangslagen geeignet.

6.6 Elektroden für NE-Metall-Schweißungen

Besondere Anforderungen an solche Schweißungen sind eine ausreichende Bindefähigkeit zu dem Grundwerkstoff und eine ausreichende Korrosionsfestigkeit in Verbindung mit dem Grundwerkstoff. Oft wird gerade letztere von scheinbaren Nebenumständen in hohem Maße beeinflußt, daher können hier kaum allgemeingültige Regeln aufgestellt werden; die Eignung des einen oder anderen Zusatzwerkstoffes ist von Fall zu Fall zu prüfen.

6.61 Kupferschweißungen. Die Schweißdrähte haben meist einen gewissen Gehalt an Legierungsbestandteilen (meist etwa 1% Zinn), um das Schmelzbad desoxydierend zu halten und auch einen niederen Schmelzpunkt zu erreichen. Es können dann auch porenfreie Schweißungen erzielt werden. Mit Silber legierte Drähte sind sehr dünnflüssig, ergeben aber bei der Handschweißung leicht Poren, doch sind solche Drähte gut zum Schutzgasschweißen geeignet.

6.62 Kupferlegierungen. Bronze- und Rotgußschweißungen werden mit Drähten ausgeführt, die etwa 12% Zinn enthalten, Aluminiumbronzeschweißungen mit Drähten mit 8 bis 23% Al-Gehalt. Manganbronze wird mit Drähten verschweißt, die bis zu 25% mit Al, Mn, Fe und Ni legiert sind. Messingsorten werden selten oder nie mit Handlichtbogen verschweißt, dagegen wohl mit Schutzgas. Als Zusatzdrähte wählt man Bronzedraht, was aber dem Grundwerkstoff gegenüber eine andere Farbtönung verursacht.

6.63 Nickellegierungen. Es kommt hier vor allem auf Festigkeit bei höheren Temperaturen und auf Korrosionsfestigkeit an. Gasgehalte im Grund- oder Zusatzwerkstoff ergeben meist porige Schweißungen, daher sind in allen Zusatzwerkstoffen für Nickel und Nickellegierungen Zusätze von gasbindenden Stoffen (Titan, Aluminium, Mangan, Silizium) enthalten. Es gibt heute für Nickel und für fast alle handelsüblichen Nickellegierungen passende Elektroden und Zusatzdrähte für die maschinellen Schweißverfahren.

6.64 Aluminium und Aluminiumlegierungen. Bei Aluminium und naturharten Aluminiumlegierungen werden grundsätzlich artgleiche Zusatzwerkstoffe verwendet. Bei den aushärtbaren Legierungen werden wegen Rißanfälligkeit Zusatzwerkstoffe anderer Zusammensetzung gewählt. Für das Lichtbogenhandschweißen sind die Elektroden stark umhüllt. Die Umhüllmassen sind fast durchweg hygroskopisch, weshalb sie stets besonders trocken aufzubewahren sind. Die Zusatzdrähte für das Schutzgasschweißen sind den Legierungen angepaßt.

6.65 Magnesiumlegierungen, Titan und Titanlegierungen. Da nur die Schutzgasschweißung angewendet wird, sind die Zusatzdrähte diesen Erfordernissen besonders angepaßt.

7. Durchführung der Schweißarbeit

7.1 Allgemeines

7.11 Schweißspannungen. Spannungen, die durch das Schweißen in das Werkstück hineinkommen können oder sich nach dem Schweißen äußern, haben verschiedene Herkunft.

Es sind hier zunächst die *Zwangschrumpfspannungen* zu nennen. Man kann ihr Zustandekommen am besten folgendermaßen erklären: Erhitzt man eine Blechplatte in der Mitte, so versuchen die erhitzten Teilchen sich auszudehnen. Da sie durch den umliegenden kalten Werkstoff daran gehindert werden, sie selbst aber durch die Wärme weich geworden sind, tritt ein Stauchen ein. Kühlt man diese Stelle wieder ab, so zieht sie sich zusammen und versucht, auch den rahmenartigen Teil der übrigen Platte zusammenzuziehen. Gelingt ihr das, weil dieser rahmenartige Teil verhältnismäßig nachgiebig ist, so tritt eine Verformung der ganzen Blechplatte ein; gelingt ihr die Verformung nicht, weil der äußere Teil der Platte zu starr ist, so entstehen erhebliche Spannungen in der Platte. Erhitzt man eine Platte am Rande, ergeben sich ähnliche Verhältnisse; da aber jetzt eine gewisse Nachgiebigkeit der umliegenden Zonen in der Regel gewährleistet ist, so werden hier weniger Spannungen als Verformungen zurückbleiben. Faßt man die zwei Folgerungen zusammen, so ergibt sich: Erwärmung liefert in der Endwirkung Schrumpfung (Zusammenziehung); wirkt sich diese nicht äußerlich aus, so bleiben innere Spannungen zurück.

Von den Zwangschrumpfspannungen unabhängig sind die *Schwindschrumpfspannungen* des Schweißgutes. Da ja jede Schweißnaht ein räumliches Gebilde ist und das Schweißgut in heißem Zustande aufgebracht wird, zieht sich die Naht nach den drei Richtungen des Raumes zusammen; es ergeben sich damit die Längsschrumpfspannungen, die Querschrumpfspannungen und die Schrumpfungen in der Tiefe. Diese letzten machen sich nur in Sonderfällen unangenehm bemerkbar; die beiden ersten sind die wichtigeren. Eine Naht wird also durch die Längsschrumpfspannungen kürzer. Da die Naht in der Regel oben breiter als unten ist, machen sich die Querschrumpfspannungen häufig in einem starken Verziehen des ganzen Teiles bemerkbar.

Ein sehr wichtiger Punkt sind dann aber noch die *Rest-(Eigen-)Spannungen*. Man versteht hierunter folgendes: Durch die vorhergehende Herstellung (Walzen, Gießen) stecken infolge der auch hier meist ungleichmäßigen Abkühlung aus dem heißen Zustande erhebliche Spannungen im Werkteil. Man stelle sich nur als einfachstes Beispiel die Herstellung einer Blechtafel vor. Die Tafel erkaltet an den Rändern zeitiger als in der Mitte. Da dann aber die Ränder schon starr sind, können sie dem Bestreben der Mitte, sich zusammenzuziehen, nicht nachgeben; die Folgen sind die Spannungen. Ein Profilende hat andere Spannungen als ein Mittelstück. Ja, einzelne Stellen außen am Profil haben andere Spannungen als Stellen in der Mitte. Wird nun an einem solchen Teil geschweißt, so wird die Schweißstelle, da sie ja durch die Hitze des Lichtbogens in einen weichen, leicht verformbaren Zustand versetzt wird, den Spannungen, die schon vorher darin waren, nachgeben; die Folgen sind Verwerfungen. Diese Verwerfungen sind also die mittelbare, nicht die unmittelbare Folge des Schweißens. Sie sind in der Praxis des Schweißens deswegen so unangenehm, weil sie in ihrer Wirkung nicht vorauszusehen sind. Es kann vorkommen, daß man beim Schweißen von mehreren gleichen Stücken einer Reihe hinsichtlich der Verwerfungen keine Schwierigkeiten hat, während beim Schweißen des letzten Stückes, das unter denselben Bedingungen wie die vorhergehenden geschweißt wurde, plötzlich unüberwindbare Schwierigkeiten auftauchen. Der Grund würde dann wohl hier eben in besonders starken Restspannungen zu suchen sein. Man hat hier häufig einen Riß auszubessern; dann kann man schon sagen, daß wahrscheinlich die Restspannungen an dem Riß nicht ganz unbeteiligt gewesen sind. Und daraus ergibt sich hier die besondere Schwierigkeit: man muß so schweißen, daß diese Spannungen, die ja zum Bruch geführt haben, vermindert werden. Nun ist es allerdings nicht so, daß diese Wärmespannungen sich ohne weiteres mit den betriebsmäßig auftretenden Spannungen addieren. Wird die Fließgrenze erreicht, so tritt ja ein Fließen ein und dadurch ein Abbau der Spannungen. Ein ähnlicher Vorgang liegt vor beim Kaltbiegen eines Werkteiles. An der Biegestelle wurde auch die Fließgrenze überschritten, trotzdem kann diese Stelle immer noch Kräfte aufnehmen.

Maßnahmen zur Überwindung der Spannungen. Es ist hier zunächst eine Grundforderung zu erheben: dem Werkstück möglichst wenig Wärme zuführen. Jede Wärmezufuhr ist unlösbar verknüpft mit Spannungszufuhr. Will man also wenig Spannungen haben, so muß man wenig Wärme zuführen (s. jedoch später „Ausglühen"). Man kann hier verschiedene Maßnahmen treffen, deren Anwendung je nach dem Zwecke verschieden vorteilhaft sein wird. Zunächst gehört hierher: richtige Schweißkonstruktion. Weiter: daß man die notwendigen Nähte möglichst dünn und kurz macht. Dann kann man für besondere Wärmeabfuhr sorgen. Als einfachstes gilt: neben und unter die Schweißstelle Schienen (am besten aus Kupfer) zu legen; sie müssen natürlich sofort nach dem Schweißen entfernt werden, um eben die Wärme wegzunehmen. Schärfere Mittel sind: das Abblasen der Schweißstelle mit Preßluft, das Abwischen mit nassen Tüchern, das Schweißen in feuchtem Sande; und als schärfste Maßnahme: das Schweißen unter Wasser. Hier kann die Schweißstelle unmittelbar mit dem Wasserspiegel abschließen, dann kann man beliebige Elektroden verwenden; oder die Schweißstelle kann einige Zentimeter unter Wasser liegen, dann braucht man stark umhüllte Elektroden und etwas höheren Strom. Nach diesem Verfahren sind die Spannungen derart gering, daß man z. B. sogar gehärtete Messer an Blechkörper anschweißen kann, ohne Rißbildung befürchten zu müssen; man muß sich aber stets darüber klar sein, daß alle diese „künstlichen" Maßnahmen auch ihre mehr oder minder schwerwiegenden Nachteile haben. Durch die schroffe Abschreckung können sich sehr unerwünschte Härtezunahmen, Versprödungen einstellen. Drückt man die Verziehungen „künstlich" herab, so entstehen erhebliche innere Spannungen, die auch nicht wünschenswert sind. Man benützt daher lieber „natürliche" Maßnahmen, z. B. das absatzweise Schweißen, das man bei Gußeisen häufig anwendet. Man schweißt immer nur kleine Stücke und läßt jedesmal nach dem Schweißen die Stelle kalt werden. Auf jeden Fall soll man sich hüten, am rotwarmen Stück zu schweißen − wozu Anlaß ist, wenn bei einem schlechten Entwurf viele Nähte dicht beieinanderliegen. Schließlich ist die richtige Schweißreihenfolge wichtig, da sich durch schlechte Reihenfolge die Spannungen vermehren, durch eine gute Reihenfolge aber vermindern können. Will man hierzu allgemeine Sätze aufstellen, so müßte man folgendes festsetzen: Man schweißt stets von innen nach außen, um „die Spannungen auszutreiben", wie der Schweißer sagt. Man schweißt die Nähte, durch die die Konstruktion starr wird, zuletzt. Überhaupt geht man gerade entgegengesetzt vor wie beim Nieten. Man schweißt Einzelteile mit Einzelteilen zusammen zu größeren Teilen und immer so fort, bis die ganze Konstruktion fertig ist. Also nicht Einzelteile an die fertige Konstruktion anschweißen, sondern vorher schon an Einzelteile anschweißen (z. B. Flansche an Behälter werden schon an die Einzelbleche angeschweißt, bevor diese zu einem Behälter zusammengeschweißt werden). Nach diesen Teilschweißungen muß man jedesmal nachrichten.

Eine andere Maßnahme ist die des Vorbiegens bzw. Vorstreckens. Wenn man durch praktische Erfahrung festgestellt hat, daß sich ein Teil geschweißt in bestimmter Weise verbiegt, so kann man ein gerades Stück erhalten, wenn man das Teil um dieses Maß entgegengesetzt vorbiegt. Dies ist in der Praxis sehr beliebt, es eignet sich hauptsächlich für die Herstellung mehrerer gleicher Stücke. Natürlich werden durch dieses Verfahren die Restspannungen nicht erfaßt, also sind Überraschungen trotz sorgfältiger Vorbereitungen nicht ausgeschlossen.

Eine Maßnahme aber, die alle Spannungen erfaßt, ist die des *Ausglühens*[1] (auch „Spannungsfrei-Glühen" genannt). Sie besteht darin, daß das geschweißte Teil geglüht und in glühendem Zustande nachgerichtet wird; dann läßt man es langsam erkalten. Eine gewisse Abänderung besteht darin, daß man das Stück in glühendem Zustande schweißt. Nach obigen Darlegungen können sich dann zunächst alle Spannungen frei auswirken; sorgt man dann nur eben durch langsame Abkühlung dafür, daß keine oder möglichst geringe Spannungen hineinkommen, so ist die Arbeit gut erledigt. Natürlich ist das Ausglühen meist recht schwierig und teuer und in vielen Fällen überhaupt nicht anwendbar. Es wird angewendet in der Gußeisenwarmschweißung und in Sonderfällen.

Zahlenangaben. Aus Vorstehendem ist klar, daß einwandfreie Zahlen, die das Zusammenschrumpfen und Verwerfen der Naht festlegen, nicht gegeben werden können. Das sind ja alles Verhältnisse, die von Fall zu Fall viel zu verschieden sind. Trotzdem wird es gut sein, einige Zahlen, die dieses Schrumpfen näher beleuchten, anzuführen:

Die Ausdehnungsziffer für Eisen beträgt etwa 1,1 mm für einen Stab von 1 m Länge bei einer Temperaturdifferenz von 100 °C. Würde man einen Stahlstab von 1000 mm Länge bei einer Temperatur von 100 °C fest einspannen und würde er dann auf 0 °C abgekühlt werden, so würde in ihm bei dem üblichen Elastizitätsmaß von Stahl von 21 000 kp/mm² theoretisch eine Spannung entstehen von = 1,1·21 000/1000 = 23 kp/mm²; d. h. eine Spannung, die etwa der Streckgrenze der üblichen Stahlsorten entspräche; es würde also theoretisch eine bleibende Verformung entstehen. Wenn bei der Spannung von 23 kp/mm² 100 °C Temperaturdifferenz notwendig sind, dann sind bei der Spannung von 1 kp/mm² 100/23 = 4,3 °C notwendig.

Betrachtet man unter Berücksichtigung dieser Spannungen das Schweißen durchlaufender Längsnähte im Behälter-, Brücken- und Schiffbau, so erhält man in diesen langen Schweißnähten Spannungen, die weit über die Streckgrenze hinausgehen. Solche Nähte können daher nicht in ununterbrochenem Zuge geschweißt werden. Wo es angängig ist, schweißt man unterbrochene Nähte, z. B. unterbrochene Kehlnähte an Spanten und Schottversteifungen im Schiffbau.

Man unterscheidet bei jeder Naht Längsschrumpfungen und Querschrumpfungen. Obgleich man annehmen könnte, daß wegen der großen Länge die Längsschrumpfungen unangenehmer sind, so ist das doch nicht der Fall, da ja hier auch mehr Schweißgut zu verformen ist. Durch die Versuche von LOTTMANN ist ziffernmäßig folgendes bestimmt: Bleche sollen wegen der Querschrumpfung der Naht 1,8 mm/m vor dem Schweißen größer gewählt werden; zur Berücksichtigung der Längsschrumpfungen genügen 0,35 mm/m; alles bei einer Blechdicke von 5 bis

---

[1] Siehe Fußnote 2 auf S. 26.

12 mm. Beim Schweißen von Längsträgern mit durchlaufender Naht kann man an Schrumpfung etwa 1 mm/m rechnen; für jede dabei auftretende Quernaht etwa 0,2 mm/m.

7.12 Vorbereitung der Schweißarbeit. Die Schweißstelle ist gründlich zu säubern. Für wichtige Arbeiten sind Rost, Schlacke, Zunderschicht (auch die vom Brennschneiden her) zu entfernen. Bezüglich der Vorbereitung der Schweißkanten sind die Fugenformen durch Normen festgelegt, und zwar für offenes Lichtbogenschweißen von Hand und auch mit Sonderelektroden für die UP-Schweißung an Stählen in DIN 8551, für Rohrverbindungen in DIN 2559. Diese Werte stellen die günstigsten dar. Werden z. B. die Fugenwinkel größer gewählt als angegeben, so ist der Verbrauch an Elektrodenwerkstoff unnötig größer, desgleichen die Schweißzeit und der Energieverbrauch; außerdem werden unnötige Wärme und damit unnötige Spannungen in die Schweißarbeit hineingebracht. Werden die Winkel zu klein gewählt, so besteht die Gefahr des Nichtdurchschweißens, und damit ist die Sicherheit der Verbindung in Frage gestellt. Hier spielen natürlich die Toleranzen der verwendeten Grundelemente (Rohre, Bleche...) eine große Rolle. Im allgemeinen kann ein geschickter Schweißer mit der Handschweißung Unregelmäßigkeiten eher ausgleichen als eine maschinelle Vorrichtung. Daher muß bei allen Maschinenschweißungen die Vorbereitung genauer ausgeführt werden als bei der Handschweißung.

Zu den Vorbereitungen der Schweißarbeit gehört auch das Unterlegen von Kühlschienen (oft mit Wasser gekühlte Kupferschienen; Achtung auf Wasserhärte, Ablagerungen!) für Verbindungsschweißungen oder das seitliche Anlegen solcher Schienen für Auftragsarbeiten. Geringste Abmessungen solcher Schienen 50×20 mm. Bei der UP-Schweißung arbeitet man bei Stumpfnähten mit Unterlagen von Schweißpulver in einer kleinen Wanne, die pneumatisch an die Nahtwurzel angedrückt wird. Die Vorteile solcher Hilfen bestehen darin, daß man mit höheren Stromstärken, also schneller, arbeiten kann und daß die Nahtform eingehalten wird. Daher werden solche Maßnahmen vor allem bei der Massenfertigung angewendet.

7.13 Vorbereitung der Konstruktion. Die Bleche und Profile sind sorgfältig zuzuschneiden und zu richten. Das Gleiche gilt für das Zusammenschweißen von geschweißten Teilen zu einem Ganzen. Auch hier muß sorgfältige Richtarbeit eingeschaltet werden. Dieses Anpassen ist unter Umständen besonders bei Einzelfertigung sehr teuer, aber kaum zu entbehren.

Man arbeitet daher weitgehend mit Schweißvorrichtungen. Je nach Gestaltung sollen diese eine Erleichterung beim Zusammenbau der Teile für das Heften oder für das Schweißen (auch ohne Heften) ergeben, indem z. B. durch das Drehen der Teile schweißgünstige Lagen (Wannenlage) zu erzielen sind.

Anforderungen an die Vorrichtungen sind Unverwechselbarkeit auch beim Einlegen der Teile, bequemes und nichtbehindertes Arbeiten beim Einlegen, Verhütung des Festklemmens der Teile beim Schweißen und Herausnehmen, aber doch starres Festhalten beim Schweißen. Der Grundteil der Vorrichtung soll starr sein, was man durch Wahl großer Querschnitte (hohes Trägheitsmoment) erreichen kann. Reibungsschluß wird zwar oft angewendet, jedoch hängt das Festhalten dabei vom Druck und dem Reibungswert ab; er ist aber wieder eine Funktion der Oberflächenbeschaffenheit (z. B. Spritzer) und Dickentoleranz (evtl. auch Schneidkanten) der eingelegten Teile. Besser sind daher Löcher, durch die das Teil unabhängig von den genannten Faktoren festgehalten wird. Fixierung durch Klauen mit örtlicher Verformung ist möglich, jedoch nicht immer anwendbar. Magnetische Einspannung mit Dauermagneten oder mit fremdgespeisten Elektromagneten ist möglich. Festhaltekraft verändert sich jedoch nach e-Funktion von der Oberfläche her, weshalb sich Unregelmäßigkeiten der Oberfläche (z. B. Spritzer) ungünstig in der Haltekraft bemerkbar machen. Daher wird die magnetische Festhaltung meist nur für Heftzwecke benutzt oder für solche Teile, die durch Heftschweißungen schon gegenseitig blockiert sind.

Die *Genauigkeit* der Vorrichtung hängt von der Toleranz der eingelegten Teile und der verlangten Toleranz ab. Daher muß diese bei kleinen Einzelteilen enger sein als bei großen Fertigteilen, weil sich die Fehler beim Zusammenschweißen kleiner Teile addieren können. Bei der Konstruktion von Vorrichtungen muß auch der Wärmefluß berücksichtigt werden. Durch Wärmedehnung will sich ein Verziehen einstellen, woraus sich unter Umständen ein Verklemmen der Vorrichtung ergeben kann. Stets muß man sich vor Augen halten, daß, je gründlicher diese

Verformungen unterdrückt werden, desto größere innere Spannungen entstehen können, was bei niedriggekohlten Stählen meist unschädlich ist, bei schweißschwierigen Stählen aber zum Bruch führen kann.

Werkstoff für die Grundteile der Vorrichtung ist St 33 oder St 37, für Auflagerungen St 60 oder St 70, für Verschleißteile Oberflächenhärten oder Auftragungen.

An *Einzelteilen* unterscheidet man an den Vorrichtungen Anschläge, Spannelemente und Bewegungseinrichtungen; die letzten leiten dann schon zu maschinellem Schweißen über.

Grundregel: *Gute Vorbereitung sichert guten Erfolg.*

7.14 Güte der Arbeit. (DIN 1912 und DIN 8563). Siehe Abschn. 4.14. Anhand der dort angegebenen 6 Grundbedingungen können die verschiedenen Schweißarbeiten in drei Gruppen eingeteilt werden: Bei Güteklasse I sind alle Bedingungen von 1 bis 6 zu erfüllen; bei Klasse II von 1 bis 5 (Nebenbemerkung: also darf man z. B. bei Klasse I und II keinen St 33 verwenden!). Für Klasse III besteht lediglich die Bestimmung, „daß die Ausführung fachgerecht sein muß". Die geforderten Güteklassen können zusammen mit bestimmten anderen Anforderungen wie z. B. „öldicht", „korrosionsbeständig" in die Zeichnung bei den entsprechenden Nähten eingetragen werden.

7.2 Verbindungsschweißungen für Stahl

7.21 Handlichtbogen. 7.211 Unlegierter Stahl. Die Wahl der *Elektrodengattung* richtet sich in erster Linie nach der Werkstoffart und den Festigkeitsanforderungen (s. Kap. 5 u. 6), dann nach der Lage der Schweißarbeit, nach dem Aufbau der Nähte. Es kann auch innerhalb einer Naht ein Wechsel der Gattung eintreten; z. B. kann die Nahtwurzel mit einer Kb-Elektrode zur Erzielung von Rißfreiheit und zum leichten Überbrücken von Spalten vorgeschrieben werden, zum Auffüllen der Naht jedoch eine Ti- oder Es-Elektrode, evtl. sogar eine Fe-Elektrode. Im praktischen Betrieb können aber dabei Schwierigkeiten durch Verwechslung der Elektroden auftreten.

Die Wahl des *Elektrodendurchmessers* richtet sich in erster Linie nach der Dicke der anzuschließenden Teile, ferner nach der evtl. vorhandenen Vorrichtung. Es besteht heute die allgemeine Tendenz, möglichst dicke Elektroden zu verwenden, weil dadurch die Arbeit beschleunigt wird und geringere Wärmespannungen entstehen. Die früher oft geäußerte Meinung, daß zur Wurzellage möglichst dünne Elektroden zu verwenden sind, wird heute nicht mehr aufrechterhalten. Bei Verwendung von Vorrichtungen mit wassergekühlten Auflagerungen können auch extrem dicke Elektroden gebraucht werden. Natürlich spielen hierbei die Toleranz der Einzelteile und die Übung der Schweißer eine wesentliche Rolle.

Hinsichtlich der *Stromstärke* können auch nicht allgemeingültige Zahlen gegeben werden. Bei der Kohlelichtbogenschweißung kann man bei gewöhnlicher Kohle mit $0,5$ A/F, bei Graphitkohle mit $1,3$ A/F bezüglich der Strombelastung rechnen, wobei A die Stromstärke in Ampere, F den Querschnitt der Kohle in mm² bedeuten. Die verschiedenen Metallelektroden vertragen recht verschieden hohen Strom (mit einer glühenden Elektrode darf auf keinen Fall geschweißt werden!). Manche Elektroden sind in dieser Hinsicht sehr empfindlich und ergeben bei zu hohem Strom ein sehr poriges Gefüge; andere haben bei zu niederer Stromstärke Schlackeneinschlüsse. Weiter ist zu bemerken, daß die Schweißzeit sich ungefähr umgekehrt, die Spritzverluste sich ziemlich genau verhältnisgleich der Stromstärke verändern. Weiter ist hier das Können des Schweißers zu berücksichtigen (ein Anfänger, der dauernd mit der Elektrode festklebt, wird nur mit niederer Stromstärke schweißen können als ein Könner, der eine Elektrode flott hintereinander abschmilzt) und auch die Schweißmaschine (mit einer Maschine, die bei Kurzschluß einen sehr hohen Strom liefert, wird mit niederer Stromstärke zu schweißen sein als mit einer anderen, bei der der Kurzschlußstrom nicht übermäßig hoch ist).

Dann spielt die Art der Arbeit eine Rolle: Bei einem großen Stück kann man die Stromstärke höher wählen als bei einem kleinen. Liegen mehrere Nähte dicht beieinander, so ist die erste Naht mit geringerer Stromstärke zu schweißen als die letzte. Überhaupt, ist die Naht schon etwas warm, so kann die Stromstärke kleiner sein als im umgekehrten Falle. Im Winter wird die Stromstärke höher sein als im Sommer, wenn die Sonne auf die Stücke brennt. Auch bei den Nahtarten ist ein Unterschied festzustellen.

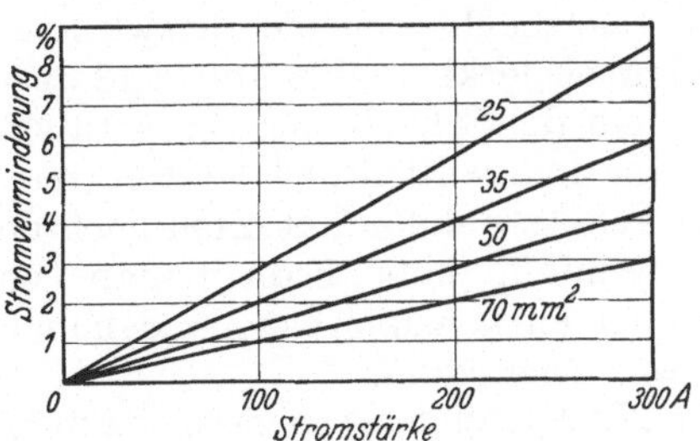

Bild 7.01. Ungefähre Stromverminderung in Prozent bei 10 m Länge der kupfernen Hin- und Rückleitung bei verschiedenen Querschnitten in Abhängigkeit von der Schweißstromstärke gegenüber dem Idealfall, daß die Leitungen keinen Widerstand hätten. Spannung der Stromquelle konstant angenommen

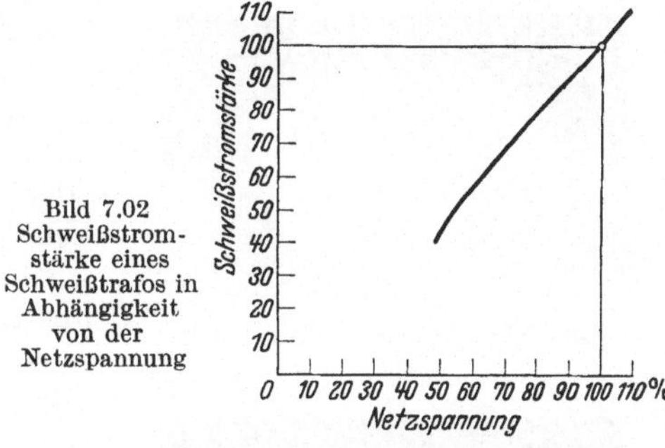

Bild 7.02 Schweißstromstärke eines Schweißtrafos in Abhängigkeit von der Netzspannung

Wenn der Schweißer gewohnt ist, nur nach einer Schweißstromtabelle und der Einstellung an der Maschine zu schweißen, können schwerwiegende Fehler entstehen. Zu beachten ist die Stromverminderung infolge langer Schweißstromleitungen (s. Bild 7.01). Ferner ist noch darauf hinzuweisen, daß bei Schweißumspannern die Stromstärke sich verhältnismäßig der Anschluß-(Netz-)Spannung verändert (s. Bild 7.02). Bei Asynchronmotoren, den üblichen Antriebsmaschinen von Schweißgeneratoren sinkt das Drehmoment mit dem Quadrat der Spannungsabsenkung. Die Netzspannung verändert sich in Fabrikbetrieben häufig als Folge der verschiedenen Belastungen des Fabriknetzes. Einfluß der verschiedenen Stromstärken auf die Naht (s. Bilder 7.03 bis 7.10).

Bild 7.03. Aussehen von Schweißraupen bei verschiedenen Stromstärken (60···240 A)

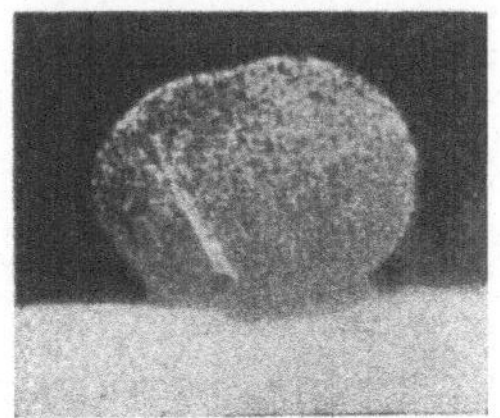

Bild 7.04. Schnitt durch die Schweißraupe bei einer Stromstärke von 60 A

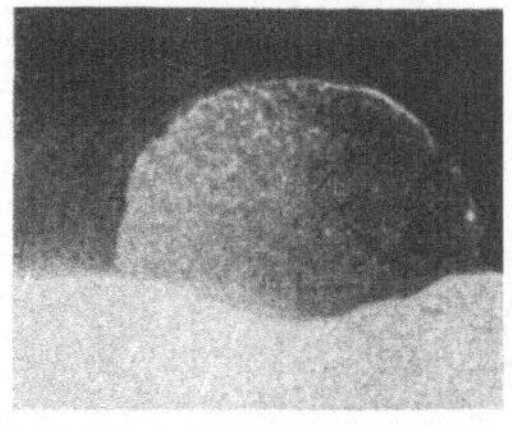

Bild 7.05. Schweißraupe bei 90 A

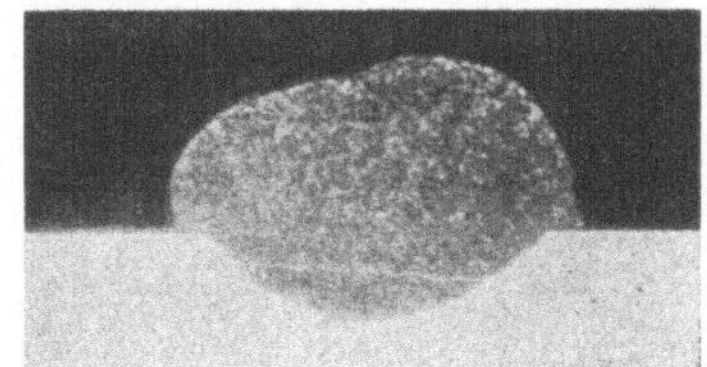

Bild 7.06. Schweißraupe bei 120 A

Vor allem sind auch hier wieder die Grenzen wichtig. Bei einer zu geringen Stromstärke brennt die Elektrode nicht ein, bei zu hoher Stromstärke ist zuerst der Einbrand zu groß, dann wird die Elektrode glühend, damit hört der Einbrand beinahe ganz auf, die Schweißung wird porig und verbrannt.

Polarität. Man soll stets den Pol an der Elektrode haben, den der Elektrodenlieferant vorschreibt. In der Regel wird für blanken und dünn umhüllten Draht der Minuspol genommen, bei dick umhüllten Elektroden der Pluspol. Manche Maschinen *polen sich mehr oder minder leicht um,* d. h. also: dort, wo am Anschlußbrett der Pluspol angezeichnet ist, ist in Wirklichkeit der Minuspol. Man muß also öfters kontrollieren, ob die Angaben noch stimmen. Falsche Polarität hat häufig

einen geringeren Einbrand und hohe Spritzverluste, manchmal auch porige Schweißungen zur Folge.

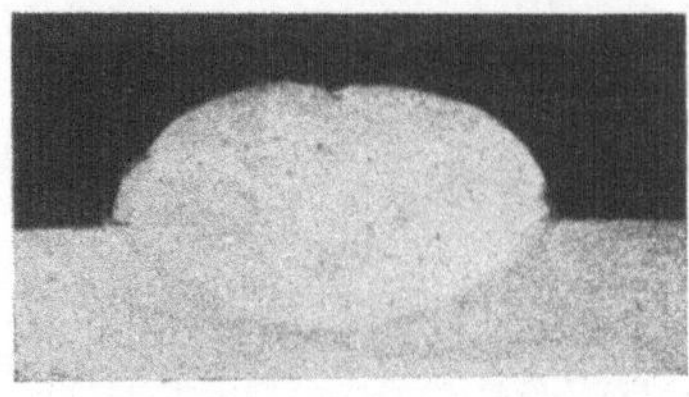

Bild 7.07. Schweißraupe bei 150 A

Bild 7.08. Schweißraupe bei 180 A

Blaswirkung. Liegen bei Bauwerken bestimmte Stromwege vor, so macht sich die Blaswirkung sehr unangenehm bemerkbar. Wie auf S. 13 ausgeführt, kann man die Schärfe der Blaswirkung mildern durch eine andere Richtung der Elektrode oder einen anderen Anschlußpunkt. Zum leichten Umlegen des Anschlußpunktes bedient man sich statt einer Klemme eines Kupferhakens, den man überall leicht anbringen kann.

Lange Nähte. Ein besonders schwieriger Punkt ist das Herstellen von lang durchlaufenden Nähten. Hier machen sich die Schweißspannungen besonders unangenehm bemerkbar. Es kommen folgende Verfahren in Betracht:

Die beiden Bleche werden geheftet, die Schweißung wird ununterbrochen von einem Ende zum anderen durchgeführt. Dieses Verfahren ist das einfachste; in nicht zu schwierigen Fällen wird es genügen.

Die beiden Bleche werden schräg zueinander hingelegt. Man beginnt an einem Ende (manchmal

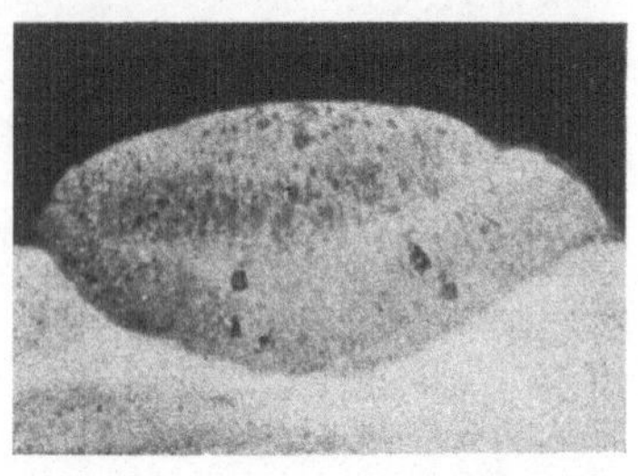

Bild 7.09. Schweißraupe bei 210 A

Bild 7.10. Schweißraupe bei 240 A

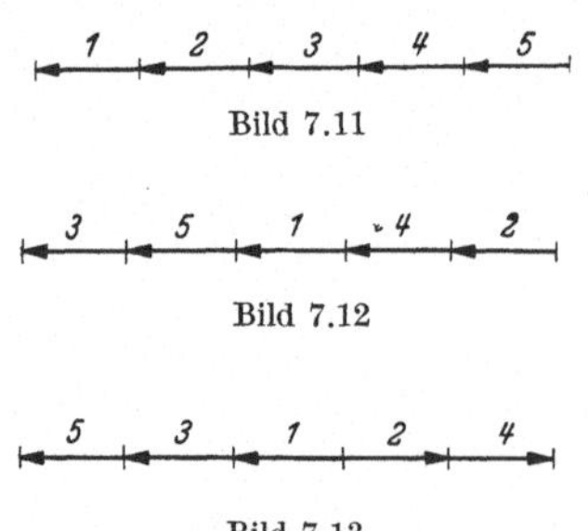

Bild 7.11

Bild 7.12

Bild 7.13

Bilder 7.11 bis 7.13.   Schweißreihenfolge
bei langen Nähten

auch etwa 10 cm vom Blechanfang entfernt); der Abstand am Ende beträgt etwa 2% der Länge, die Abstände werden durch eingeschobene Keilstücke sorgfältig eingehalten. Das Verfahren wird für schwierigere Verhältnisse angewendet.

Einfacher in der Durchführung und besser ist das „Pilgerschrittverfahren", das Bild 7.11 zeigt. Die übergeschriebenen Ziffern bedeuten die Schweißreihenfolge, die Pfeile die Schweißrichtung.

Für ganz schwierige Verhältnisse ist die „sprungweise Schweißung" zu nennen. Hier ist das Ziel, die Temperatur der Naht annähernd gleich zu halten. Die Bilder 7.12 und 7.13 zeigen verschiedene Formen des Verfahrens.

Rundnähte. Die schwierigste Schweißung sind die Rundnähte bei Kesselschüssen. Hier gibt es auch wieder verschiedene Verfahren: Entweder man verwendet die sprungweise Schweißung oder, was auch empfohlen wird, es wird von zwei oder drei Schweißern an gegenüberliegenden Stellen geschweißt; oder man schweißt ununterbrochen, hält aber den Anfang der Naht durch einen Gasbrenner warm.

Dünnblechschweißung wird nur selten mit dem Kohlelichtbogen durchgeführt. Meistens arbeitet man mit Handelektroden oder mit Schutzgasverfahren mit guten Vorrichtungen (Kupferunterlagen).

Kehlnähte. Die Kehlnaht spielt, was die Menge der verschweißten Elektroden anbetrifft, die größte Rolle bei allen Nähten, die mit dem Handlichtbogen hergestellt werden. Entscheidend für die Güte der Naht ist hier neben dem Können des Schweißers die Art der Elektrode. Allgemeine Anforderungen an die Elektroden für Kehlnähte sind: leichte Verschweißbarkeit, gute Ausbringung, geringe Spritzverluste, leichtes Entfernen der Schlacke, ausreichende Festigkeit (s. auch DIN 50126 „Zugversuch an Kehlschweißnähten"; DIN 50127 „Kerbzug, Rohrkerbzug- und Kerbfaltprobe, Winkelprobe und Keilprobe zur Beurteilung von schmelzgeschweißten Stumpf- und Kehlnähten"; DIN 50129 „Bestimmungen der Warmrißbeständigkeit von Schweißzusatzstoffen"). Dann bestehen spezielle Anforderungen an diese Schweißungen: Wurzeleinbrand, Flankeneinbrand, keine Einbrandkerben (s. hierzu DV 848 – Deutsche Bundesbahn – „Bei allen Kehlnähten muß der Einbrand sicher bis in die Wurzel reichen, tieferer Einbrand ist bei unberuhigtem Stahl möglichst zu vermeiden. Kerben an den Flankenübergängen sind unzulässig"). Wegen Nahtform, Nahtdicke, Nahtlänge siehe DV 848:

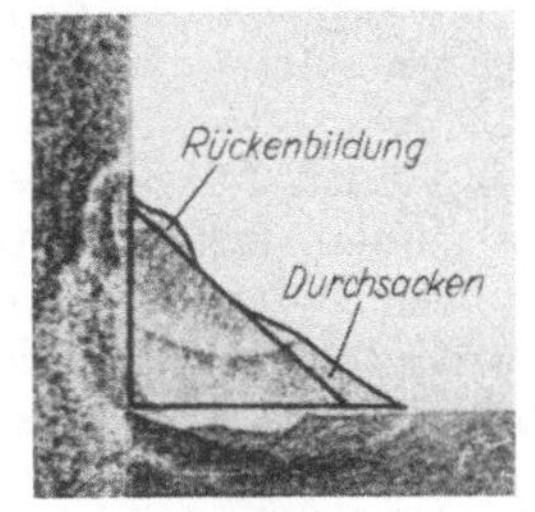
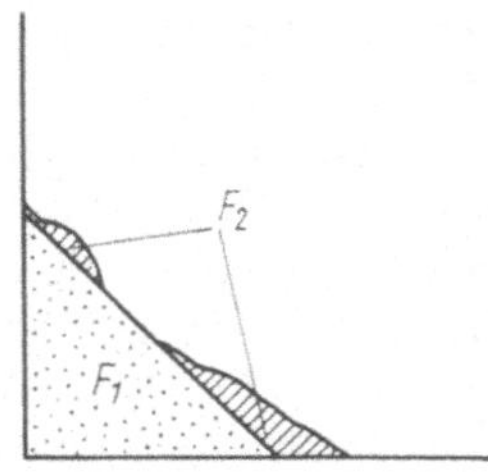

Bild 7.14. Kehlnahtausnutzungsgrad

F_1 Fläche des Grunddreiecks; F_2 Fläche der Überhöhungen

„Im allgemeinen sollen Flankennähte gleichschenklig und nicht dicker ausgeführt werden als die Berechnung es fordert, wenn nicht schweißtechnische Gründe dagegen sprechen. Bei Stirnkehlnähten ist jedoch eine ungleichschenklige Ausführung, z. B. am Ende von Gurtplatten, wegen des günstigen Kraftflusses besonders vorteilhaft". Ein zu tiefer Einbrand ist nicht nur wegen der Gefahr des Anschneidens von Seigerungszonen ungünstig, sondern auch wegen des unnötigen Zeit- und Energieverbrauchs. Unter Kehlnaht-Ausnutzungsgrad K_A versteht man das Querschnittsverhältnis der theoretischen Nahtform zu der – evtl. überhöhten – tatsächlichen Nahtform (s. Bild 7.14). Also ist $K_A = F_1/(F_1 + F_2)$. Je kleiner diese Zahl ist, desto ungünstiger die Wirtschaftlichkeit.

Erwünscht ist das Schweißen der Kehlnähte in Wannenlage, die Naht wird besser und ist leichter zu schweißen. Sie kann auch schneller hergestellt werden, wenn man dabei mit dickeren Elektroden arbeitet.

Rißgefahr besteht in Längsrichtung der Naht bei Vorliegen entsprechender Spannungs- und Gefügezustände. Die Ursachen sind meist Anrisse im Endkrater im warmen Zustand, ein Zeichen, daß die verwendete Elektrode für diese Arbeit ungeeignet ist. Im Grundwerkstoff können Risse auftreten bei Entstehen von Härtungsgefügen, bei Werkstoffehlern (Seigerungen, Doppelungen, Alterungen), bei hohen Eigenspannungen, bei ungünstigen Spannungszuständen und bei tiefen Temperaturen. Man soll sich stets darüber im klaren sein, daß die normale Kehlnaht bei Zugbeanspruchung unter einem 3achsigen Spannungszustand steht (also ähnlich dem eines gekerbten Stabes), daß sie eine gewisse Fließbehinderung gegenüber dem Grundwerkstoff hat. Die Naht ist gegenüber dem Grundwerkstoff weniger verformungsfähig; eine durch Überbeanspruchung auftretende Verformung wird meist durch die Art der Verbindung verursacht.

Bei den Kehlnähten spielen die Längsschrumpfungen eine geringe Rolle, dagegen die Quer-(Winkel-)Schrumpfungen eine große. Sie tritt vor allem beim Schweißen unnötig dicker Nähte auf. Eine Lage, mit *einer* dicken Elektrode geschweißt, ergibt geringere Verziehungen als mehrere mit dünnen Elektroden geschweißte Lagen. Dünnumhüllte Elektroden werden selten angewendet, meist mitteldicke und vor allem dickumhüllte.

Als Elektrodendurchmesser wählt man in der Regel 4 mm, in horizontaler Lage geht man nicht über 5 mm $\emptyset$ hinaus, da dann Flankeneinbrandkerben nicht zu vermeiden sind. In Wannenlage können auch 8 mm $\emptyset$ gebraucht werden. Wurzeleinbrand ist stets einwandfrei, wenn mit ausreichender Stromstärke gearbeitet wird. Bei Einlagenschweißung erzielt man die verschiedenen Nahtdicken durch „Ausziehen" bzw. durch „Stauchen". Die Grenzen werden hier durch die Geschicklichkeit des Schweißers gesetzt. Bei zu starkem Stauchen (also bei zu großer Nahtdicke bei Einlagenschweißung) besteht allerdings die Gefahr des ungenügenden Wurzeleinbrandes. Besser ist dann der Nahtaufbau in mehreren Lagen, wobei man mit einer 4-mm-Elektrode beginnt und die oberen Lagen mit dickeren Elektroden schweißt. Die Verwendung von Hochleistungselektroden hat nur einen Sinn bei Einlagenschweißungen (Zeitersparnis bis zu 40%, Kostenersparnis bis zu 25%). Bei Nähten in Zwangslagen wird neuerdings die Fallnaht bevorzugt. Dabei ergeben Elektroden der Mischtype Ti-Ze leichtes Schweißen; jedoch sind solche Verbindungen nur für untergeordnete Zwecke zugelassen, da meist der Wurzeleinbrand ungenügend ist. Das Arbeiten mit reinen Ze-Elektroden ist schwieriger, die Ergebnisse sind aber einwandfrei.

7.212 **Niedriglegierter Stahl.** Entscheidend sind hierbei die richtige Auswahl der verwendeten Elektrode sowie die meist notwendige Anwärmung des Teiles vor Beginn der Arbeit; es handelt sich also im wesentlichen mehr um die praktische Beantwortung metallurgischer Fragen als um spezielle Fragen der Schweißtechnik. Meistens sind die Elektrodenhersteller in der Lage, nach Nennung der zu verschweißenden Stahlsorte die geeignete Elektrode zu liefern und die Verarbeitungsbedingungen (Anwärmung, Elektrodendurchmesser, Stromstärke) zu nennen.

7.213 **Hochlegierter Stahl.** *1. Vorbereitung.* Naht besonders sorgfältig vorbereiten! Die Nahtkanten wurden früher mittels Schleifen abgeschrägt, jetzt arbeitet man mit Pulverbrennschneiden, mit Plasmaschneiden, manchmal auch mit Hobeln. Bei Scherenschnitten von dickeren Blechen empfiehlt sich das Anwärmen auf etwa 300 °C, um Anrißbildung in den Nahtanschlußflächen sicher zu vermeiden. Die Nahtränder müssen besonders sauber sein (vor allem Öl- und Fettfreiheit!), da sonst die Gefahr der Verunreinigung der Schweiße und der Bildung unerwünschter Gefügebestandteile besteht. Zu beachten sind die niedrige Wärmeleitfähigkeit dieser Stähle und ihre große Wärmeausdehnung.

2. Ferritische Chrom- und Nickelstähle. Durch die geringe zugeführte Wärmemenge beim Lichtbogenschweißen bleibt die Grobkornbildung bei Chromstählen in mäßigen Grenzen. Es können Überhitzungen vermieden werden und damit Sprödbruch und Verminderung der Korrosionsfestigkeit. Daher darf eine Mehrlagenschweißung nach Möglichkeit nicht angewendet werden. Ferritische Elektroden sind geeignet; sie sind billig, haben aber den Nachteil, daß die Schweißstellen vor Beginn auf etwa 200 °C angewärmt werden und nach Fertigstellung ausgeglüht werden müssen. Daher werden solche Elektroden weniger verwendet als die austenitischen Elektroden. Diese schweißt man meist in mehreren Lagen ohne seitliche Pendelbewegung, um Einbrandkerben, Abbrand von Legierungsbestandteilen, Poren und Rißgefahr zu vermeiden. Kommt die Naht mit schwefelhaltigen Stoffen in Berührung, so müssen ferritische Elektroden verwendet werden.

3. Perlitisch-martensitische Stähle werden selten geschweißt. Vorwärmung auf etwa 300 °C ist ebenso notwendig wie das nachträgliche Ausglühen bei etwa 650 °C. Geschweißt wird mit hochnickelhaltigen austenitischen Elektroden.

4. Austenitische Stähle. Ihre Schweißbarkeit ist im allgemeinen gut. Verwendet werden austenitische dickumhüllte Elektroden der Ti- oder Kb-Type. Anwärmen vor dem Schweißen und Nachglühen sind meist nicht notwendig. Kalthämmern der Naht ist zwar möglich, das Gefüge wird aber dadurch gehärtet und verliert etwas an seiner Korrosionsfestigkeit. Der Grundwerkstoff ist meist stabilisiert, ebenso der Elektrodenwerkstoff (s. Abschn. 5.15). Eine Verbindung mit unlegiertem Stahl ist möglich, jedoch vermindert sich die Korrosionsfestigkeit und an der Stelle des Zusammentreffens der beiden verschiedenen Stahlsorten entsteht ein äußerst dünner aber sehr harter Martensitfilm, der zur verformungslosen Rißbildung Anlaß geben kann. Vermeidung des Risses ist möglich durch Ausbildung einer größeren Anschlußfläche, also bei einer Kehlnaht durch eine ungleichschenklige Nahtform. Wichtig bei allen Schweißungen an hochlegierten Stählen ist die Beseitigung der Zunderschicht nach dem Schweißen durch Sonderbeizen oder Schleifen und Polieren.

5. Plattierte Stähle. Man läßt die beiden Bleche stumpf zusammenstoßen und arbeitet eine U-Naht aus dem Grundblech aus, die dann mit den für das Werkstück üblichen Elektroden geschweißt wird. Danach wird von der Plattierungsseite aus eine V-förmige Ausarbeitung angebracht, die tief in das Schweißgut der ersten Naht reicht und mit dem Plattierungswerkstoff durch Schweißen vollgefüllt wird. Bei beiderseitig plattiertem Werkstoff arbeitet man sinngemäß.

7.214 **Arbeiten mit Sonderelektroden.** *1. Tiefbrandelektroden* sind aus dem Bestreben heraus entstanden, Stumpfverbindungen ohne Kantenabschrägung herzustellen. Das ist durch Verwendung dieser Elektroden auch geglückt. Fugenvorbereitung siehe DIN 8551. Man braucht für diese Elektroden Sonderschweißmaschinen mit einer Lichtbogenspannung von 50 bis 60 Volt. Wechselstrom kommt hierfür kaum in Frage. Zur Prüfung der Elektrode und der Stromquelle dient eine Auftragsschweißung; hierbei soll sich bei einer 4-mm-Elektrode eine Einbrenntiefe von 5 bis 7 mm ergeben. Bei zu hoher Schweißgeschwindigkeit entstehen leicht Poren, desgleichen bei Auftreffen auf sulfidische Einschlüsse des Werkstückes (Anschnitt von Seigerungen). Der Spalt ist genau einzuhalten. Schweißlage stets waagerecht, nach Möglichkeit mit leichter Neigung der Naht (von „oben" nach „unten" schweißen!). Der Einkaufspreis ist höher als der von Normalelektroden; dieser Preisunterschied wird bei richtiger Anwendung ausgeglichen durch den geringeren Verbrauch an Elektroden und Einsparen der Nahtvorbereitung. Schweißung bei höher gekohlten Stählen ist fraglich (Rißgefahr). Die „Tiefschweißung" beginnt erst nach etwa 30 mm Naht, daher muß bei Normalnähten auf einem Vorblech angefangen werden, das nachher wieder abgetrennt wird.

2. Hochleistungs-Ausbringungselektroden. Diese Elektroden sind entwickelt worden, um möglichst schnell eine Fuge ausfüllen zu können; daher werden sie für lange durchlaufende Nähte verwendet. Entweder es wird mit Kupferunterlage gearbeitet oder die Wurzel wird mit normalen Handelektroden geschweißt; das Ausfüllen verbleibt dann diesen Sonderelektroden. Die Stromaufnahme ist höher als bei Normalelektroden; man kann etwa danach rechnen, daß eine solche 4-mm-Elektrode den gleichen Strom aufnimmt wie eine 5-mm-Normalelektrode. Das Verfahren kommt praktisch nur für niedriggekohlte Stähle in Frage. Durch richtige Anwendung können Ersparnisse von 20% erzielt werden. Schweißung meist mit Gleichstrom.

7.22 Maschinelles Schweißen. 7.221 **Allgemeines.** Das maschinelle Schweißen hat in erster Linie die Aufgabe, bei gegebener Qualität die Schweißzeit herabzudrücken; in zweiter Linie, die Qualität zu erhöhen und mit angelernten Schweißern arbeiten zu können. Die Schweißzeit kann grundsätzlich bei gegebenem Elektrodendurchmesser nur durch Erhöhung der Stromstärke verkürzt werden. Bei gegebener Elektrodenlänge ist aber die Stromgröße begrenzt durch die verträgliche Erhitzung der Elektrode. Eine Steigerung der Geschwindigkeit ist also nur möglich, wenn man den Strom erst kurz vor dem Lichtbogen der Elektrode zuführt.

Die grundsätzliche Schwierigkeit jeder maschinellen Lichtbogenschweißung liegt in der labilen Natur des Lichtbogens, der leicht abgelenkt werden kann. Damit liegt die Nahtvorbereitung für das maschinelle Schweißen in engen Grenzen. Beim halbautomatischen Schweißen können solche Unregelmäßigkeiten ausgeglichen werden, weshalb sich halbautomatische Verfahren großer Beliebtheit erfreuen. Hierbei wird — abgesehen von den Einlegeverfahren — von einer maschinellen Vorrichtung entweder das zu schweißende Teil bewegt oder der Schweißdraht zugeführt. Abseits und heute nur noch selten angewendet liegen die Verfahren, bei denen der Schweißer das Teil durch Hand- oder Fußbetätigung bewegt. Sie haben den Vorteil, daß die Bewegungsgeschwindigkeit dem jeweiligen Wärmebedarf angepaßt werden kann, während die rein maschinelle Bewegung stets gleichmäßig erfolgt. Ein gewisser Ausgleich kann durch den Schweißer stattfinden, indem er in gewissem Maße die Elektrode mit oder gegen die Stückbewegung führt.

Bei der automatischen Zuführung des Zusatzwerkstoffes stehen meist elektrisch gesteuerte Einrichtungen zur Verfügung, die die Vortriebsgeschwindigkeit des Schweißdrahtes in Abhängigkeit von der Lichtbogenspannung steuern. Bei den voll mechanisierten Verfahren sind beide Bewegungen — für Teil und Zusatzwerkstoff — miteinander gekuppelt.

Häufig werden die Wurzellagen von Hand geschweißt und nur das Ausfüllen geschieht maschinell. Dieses Verfahren hat den Vorteil, daß die Toleranzen der Teile bei der Wurzel in gewissem Grade von Hand ausgeglichen werden können. Größte Sauberkeit der Nahtkanten ist bei allen maschinellen Verfahren besonders notwendig.

7.222 Schutzgasschweißen. Die Vorteile liegen im Schutz des Schmelzbades vor Einflüssen der Luft und Feuchtigkeit; es findet kein Abbrand statt und damit wird eine poren- und schlackenfreie Schweißnaht erzielt. Die I- und V-Nähte zeichnen sich durch eine glatte Ober- und Unterseite mit entsprechend hohen Gütewerten aus; Einbrandkerben und Spritzer fehlen. Es werden große Schweißgeschwindigkeiten erreicht, vor allem durch die große Konzentration des Schmelzbades, was auch geringe Wärmespannungen zur Folge hat. Nachteilig sind die höheren Anschaffungskosten. Die Betriebskosten sind aber kaum höher, wenn durch die Organisation dafür gesorgt ist, daß das Gerät ohne große Leerzeiten arbeiten kann. Daher werden die Schweißer an solchen Geräten mitunter nur halbschichtweise eingesetzt, zumal der Lichtbogen sehr hell ist; es sind besonders dunkle Augengläser und ein besonderer Handschutz notwendig. Diese Verfahren eignen sich vor allem für die Massenfertigung bei allen Stahlsorten.

1. Das WIG-Verfahren dient vorzugsweise zum Schweißen von dünnen Teilen (unter 3 mm), wenngleich auch bestimmte Ausnahmen bestehen, z. B. Schweißen der Längsnaht hochlegierter Stahlrohre. Es wird als Handschweißverfahren angewendet, auch als halbautomatisches Verfahren mit maschineller Bewegung des Schweißteiles. Unterschiede der Verfahren betreffen die Arten der Schutzgase. Beim Handschweißen und beim maschinellen Schweißen von hochlegierten Stählen werden Gemische aus Argon und Wasserstoffgas empfohlen, als Stromart Gleichstrom mit negativem Pol an der Elektrode, seltener Wechselstrom mit Hochfrequenzüberlagerung. I-Nähte bis zu 2 mm Wanddicke werden mit keiner oder nur geringer Fugenbreite verarbeitet. Zusatzdraht wird selten verwendet, nur um Ungleichmäßigkeiten der Naht auszugleichen. Bördel- und Ecknähte werden ohne Zusatzdraht eingeschmolzen. Elektroden bestehen fast ausschließlich aus Wolfram (evtl. zur Stabilisierung des Lichtbogens mit Thorium legiert). Die Schweißstelle muß sauber sein. Wenn Zusatzdraht verwendet wird, wählt man eine Dicke von 1,6 mm. Die Arbeitstechnik ähnelt dem Gasschweißen.

2. Das MIG-Verfahren dient zum Schweißen dickerer Teile, auch in mehreren Lagen. Der Draht wird automatisch zugeführt, das Werkstück bzw. die Schweißpistole von Hand oder maschinell bewegt. Stromart meist Gleichstrom. Als Stromquelle eignen sich besonders gut Konstantspannungsmaschinen. Übliche Schweißumspanner sind im allgemeinen hierfür nicht geeignet. Es gibt aber Universalmaschinen, die sowohl Gleich- als auch Wechselstrom liefern können, auch umschaltbar für hohe und mittlere Lichtbogenspannung. Da die Einschaltdauer beim Schutzgasschweißen meist höher als beim Handschweißen ist, ist bei den Stromquellen auf ausreichende ED (meist 80%) zu achten. *Hochfrequenzüberlagerung* hat den Vorteil des raschen Zündens; ihr Nachteil sind Störungen des Rundfunk- und Fernsehempfanges. *Sonderzündgeräte* (Filterzündgeräte und Impulsgeneratoren) bringen keine Störungen. Beim Schweißen ist auf kurzen Lichtbogen zu achten, da sonst Poren (durch Vergasung des Zusatzwerkstoffes), zu breite Nähte und zu geringer Einbrand entstehen. Ein feintropfiger Werkstoffübergang ist anzustreben, was vor allem durch Wahl der richtigen Stromstärke (etwa 120 A/mm²) erreicht wird. Dünner Zusatzdraht (1,6 mm ⌀) bringt schweißtechnische, dickerer Draht (2,4 mm ⌀) preisliche Vorteile. Die Zusammensetzung des Drahtes richtet sich nach dem Grundwerkstoff und der Art des

Schutzgases. Reinargon verwendet man für NE-Metalle und hochlegierte Stähle, Argon mit 1 bis 3% Sauerstoff für unlegierte und niedriglegierte Kohlenstoffstähle.

Durch den Sauerstoffgehalt wird die Dünnflüssigkeit des Bades erhöht, außerdem ist der Werkstoffübergang besonders feintropfig. Bei Verwendung von sauerstoffhaltigem Argon muß der Zusatzdraht besondere desoxydierende Zusätze wie Si, Mn, Al, Cr enthalten. Da aber durch die Zusätze die Schweißbarkeit erschwert wird, ist ein sorgfältiges Abstimmen der verschiedenen Einflüsse notwendig. Bei Kohlensäure als Schutzgas liegen ähnliche Verhältnisse vor, indem das Kohlendioxyd durch die Hitze des Lichtbogens sich zum Teil in Kohlenoxyd und Sauerstoff aufspaltet und so wieder der oxydierende Einfluß auf das Schweißbad eintritt; es sind dann auch andere Zusatzdrähte notwendig.

Der Schweißdraht wird in der Regel bei allen MIG-Verfahren (Stahlschweißen) an den Pluspol der Stromquelle angeschlossen. Die umgekehrte Polung ergibt zwar höhere Schweißgeschwindigkeit, aber rauhere Oberflächen der Nähte und größere Spritzverluste; überhaupt können so glatte Nahtoberflächen wie beim Schweißen mit Argon bei der Kohlensäureschweißung nicht erreicht werden.

Der Einbrand bei der CO_2-Schweißung ist aber verhältnismäßig groß, daher ist die Bindung der Wurzel und auch Porenfreiheit leicht zu erreichen. Deshalb werden bei diesem Verfahren oft I-Nähte angewendet, entweder mit einer ersten kleinen Wurzellage und dann mit Auffüllen von der Gegenseite her oder mit einer Kupferschienenunterlage bei einem Schweißspalt von höchstens 3 mm und Ausfüllen in einer Lage bei entsprechend großer Stromstärke und hoher Geschwindigkeit der Drahtzuführung. Die Stromstärke ist in jedem Falle größer als bei der Argonschweißung.

3. UP-Schweißung. Nahtvorbereitung nach DIN 8551. Es handelt sich hierbei stets um ein vollautomatisches Schweißverfahren. Bei V-Nähten wird die Wurzel entweder von Hand oder mit dem UP-Verfahren geschweißt, wobei die Unterlage aus Pulver besteht, das durch ein pneumatisches Kissen gegen die Naht gedrückt wird. Das Ausfüllen geschieht mit dem Hauptdraht unter Pulver. Man kann auch mit 2 Drähten arbeiten, die nebeneinander laufen (breite Naht) oder hintereinander mit tiefem Einbrand und schmaler Raupe. In diesem Falle arbeitet man mit Spezialmaschinen, die einen 3-Phasenwechselstrom liefern. Das Schmelzbad ist groß, die Naht besteht zu $2/3$ aus aufgeschmolzenem Grundwerkstoff. Das Gefüge ist grobkörnig-stengelig und hängt von der Durchführung des Verfahrens ab (Einlagen- oder Mehrlagenschweißung). Horizontale Nähte an senkrechter Wand können mit besonderen Vorrichtungen („drei-Uhr-Schweißung") geschweißt werden, Kehlnähte nach Möglichkeit in Wannenlage. Das Schweißpulver muß dem Grund- und Zusatzwerkstoff angepaßt sein. Die verschiedenen Pulversorten können eingeteilt werden nach dem Herstellungsverfahren (geschmolzenes, gesintertes, agglomeriertes Pulver), nach der chemischen Charakteristik beim Schweißen (sauer, basisch, neutral), dem Mangangehalt (hoch-, mittel-, niedrighaltiges Pulver), nach der Aufgabenstellung (schnell arbeiten, tiefeinbrennen, für Feinbleche, zum Überbrücken von Spalten, für Auftragungen).

Das Pulver muß trocken sein, um Poren in der Naht zu verhüten. Der Schweißdraht ist besonders rein, oft mit Mangan und Silizium legiert. Mangan gleicht in gewissem Maße Blechverunreinigungen aus, Silizium erhöht die Festigkeit. Allerdings muß der Draht stets mit dem Pulver abgestimmt sein.

Das Schweißen unberuhigter Kohlenstoffstähle ist mit gewisser Vorsicht vorzunehmen, da die im Stahl vorhandenen örtlichen Schwefelanreicherungen (Seigerungszonen) Ursache von Warmrissen sein können. Bei beruhigten Stählen mit Kohlenstoffgehalten bis etwa 0,23% bestehen diese Schwierigkeiten nicht. Bei höher gekohlten Stählen verwendet man legierte Zusatzdrähte und besonderes Pulver mit höherem Mangangehalt. Meist wird in solchen Fällen Vorwärmen und Ausglühen notwendig sein. Durch die Tendenz, möglichst wenig Grundwerkstoff aufzuschmelzen, ist auch manches zu erreichen. Daher sind hier V-Nähte leichter zu schweißen als I-Nähte. Ähnlich verhält man sich bei Feinkornstählen höherer Festigkeit. Auch hier kommt es auf die richtige Abstimmung zwischen Grundwerkstoff, Zusatzdraht und Pulverzusammensetzung an, weiter spielen aber auch verfahrenstechnische Gesichtspunkte (Ein- und Mehrlagenschweißung) eine wichtige Rolle. Selbst bei niedriglegierten Stählen können sich bei rascher Abkühlung Härtegefüge bilden, welche das Dehnungsvermögen der Naht senken. Bei starker Vermischung des Drahtwerkstoffes mit dem Grundwerkstoff können sich manche Legierungsbestandteile (z. B. Si und Ni) unangenehm bemerkbar machen. Der Zusatzdraht hat deshalb auch selten die gleiche Zusammensetzung wie der Grundwerkstoff, er ist meist höher mit Molybdän und Mangan legiert. Auch hier kann ein Auflegieren durch das Pulver erfolgen. Die Zusatzdrähte beim Schweißen hochlegierter Stähle sind meist mit Tantal und Niob stabilisiert. Austenitische Drähte mit betont niedrigem Kohlenstoffgehalt werden öfters verwendet. Die Arbeitstechnik spielt aber hierbei auch eine gewisse Rolle, da bei Mehrlagenschweißungen unter Umständen unerwünschte Gefügeumwandlungen in der Naht entstehen können. Daher ist es nicht gleichgültig, ob die dem korrosiven Mittel zugekehrte Seite der Naht zuerst oder — wie meist erwünscht — zuletzt geschweißt wird.

4. Elektroschlackeschweißung. Die Wärmezuführung beim ES-Schweißen ist 100 bis 1000mal so groß wie bei der gewöhnlichen Handschweißung. Die UP-Schweißung steht in dieser Beziehung etwa zwischen beiden Verfahren, jedoch mehr zur Handschweißung neigend, vor allem, wenn es sich um die übliche Mehrlagenschweißung handelt. Durch diese große Wärmemenge wird der Grundwerkstoff in breiter Zone beeinflußt; die Abkühlungsgeschwindigkeit, die bei der Handschweißung, insbesondere bei Verwendung dünner Elektroden an dicken Werkstücken, die bekannte verhängnisvolle Rolle spielt (örtliche Härtesteigerung infolge Martensitoder Zwischenstufengefügebildung), ist hier geringer. Durch die geringe Abkühlungsgeschwindigkeit ist Neigung zur Grobkornbildung vorhanden, die allerdings durch besondere Maßnahmen (Zulegieren bestimmter Stoffe) einzuschränken ist.

Die Schmelze besteht etwa je zur Hälfte aus Zusatz- und Grundwerkstoff, weshalb der Grundwerkstoff eine besondere Rolle spielt. Stähle — selbst solche, die an sich gute mechanische Eigenschaften haben — sind für dieses Schweißverfahren unbrauchbar, sofern sie Neigung zur Grobkornbildung und zur Aufhärtung haben. Stähle, die wegen der gefürchteten Martensitbildung für das Handschweißen (und auch zum Teil für das UP-Schweißen) schlecht brauchbar sind, können unter Umständen hier gut eingesetzt werden, da durch den großen Wärmeaufwand und die damit verbundene geringe Abkühlungsgeschwindigkeit solche Gefügeausbildung nicht zu erwarten sind. Durch Legierungszusätze im Draht (z. B. Seelen- oder Falzdraht) und auch im Pulver können ähnliche Wirkungen erzielt werden wie bei der Erschmelzung der „Feinkornstähle". Gefügebeeinflussung durch Normalisieren ist möglich, kommt aber praktisch wegen der hohen Kosten und der technischen Schwierigkeiten kaum in Frage. Das Gefüge zeichnet sich durch außergewöhnliche Reinheit aus. Streckgrenze und Bruchfestigkeit können dem Grundwerkstoff angepaßt werden. Bei gut schweißbaren Stählen ist die Härte des Nahtgefüges annähernd gleich der des Grundwerkstoffes, diejenige der Wärmeeinflußzone zeigt geringe Erhöhung. Bei Stählen, die zur Grobkornbildung neigen, können 100% Härtesteigerung beobachtet werden. Die Härte kann durch Strom, Spannung, Grund- und Zusatzwerkstoff und durch das Pulver beeinflußt werden. Die Dehnung

ist im Nahtwerkstoff befriedigend, weniger dagegen in der Wärmeeinflußzone.
Ebenso liegen die Verhältnisse bezüglich des Biegewinkels. Die Kerbzähigkeit im
Nahtwerkstoff ist befriedigend, in der Wärmeeinflußzone oft gering. Warmriß-
gefahr ist wegen der langsamen Abkühlung nicht vorhanden; daher ist auch die
Alterungsgefahr gering, weil durch die langsame Abkühlung die zurückbleibenden
Spannungen relativ gering sind. Statische und dynamische Festigkeit sind ausreichend. Als Werkstoff kommen unlegierte Stähle mit Festigkeiten bis zu 60 kp/mm²
in Frage. Die Wirtschaftlichkeit des Verfahrens ist gegeben bei Stehnähten von
20 mm Blechdicke an und darüber, die bisher von Hand geschweißt werden mußten.
Dort, wo auch die UP-Schweißung eingesetzt werden kann, beginnt die Wirtschaftlichkeit bei Blechdicken von 40 mm. Anwendungen bei dickwandigen Maschinen-
teilen, Pressen, Hochofenmänteln, Wellen für Turbinen, Ringen, Gehäusen für
Elektromotoren, Walzenständern, auch Reparaturen und Auftragungen.

7.23 Fehler beim Verbindungsschweißen. 7.231 Vorbereitung der Teile. Ist bei versetzten Blechkanten (Bild
7.15) der Versatz kleiner als 20% der Blechdicke, so wird
er meist nicht korrigiert. Beim Verbinden von zwei ungleich
dicken Blechen mit einer V-Naht ist das dickere Blech auf
1,5mal Dicke des dünneren Bleches abzuarbeiten, da sonst
auch Versetzungen der Kanten eintreten. Bei zu kleinen

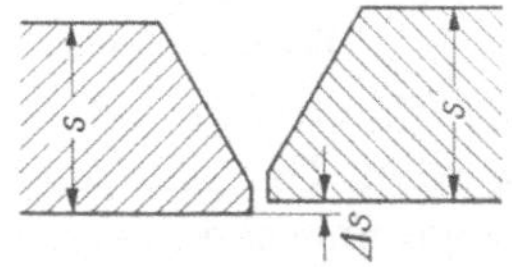

Bild 7.15. Versetzte Blechkanten

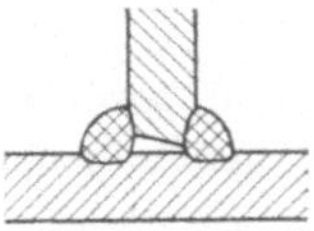

Abschrägungswinkeln einer V-Naht entstehen ungebundene Stellen in der Wurzel,
bei zu großer Abschrägung unnötige Kosten und Wärmespannungen. Zu großer
Schweißspalt bringt Schwierigkeiten beim Überbrücken, außerdem erhöhte Kosten
und Wärmespannungen. Bei zu hohem Steg ist mit üblichen Elektroden ein Durchschweißen nicht möglich, daher können Bindefehler
in der Wurzel eintreten. Sind bei Kehlnahtverbindungen die Teile
nicht winkelrecht vorbereitet (Bild 7.16), so verzieht die Naht das
Teil; ein Nachrichten ist schwer möglich.

7.232 Nahtoberfläche. Kehlnähte mit ungleich langen Schen-
keln erfordern unnötige Kosten und Wärmespannungen. Seitliches

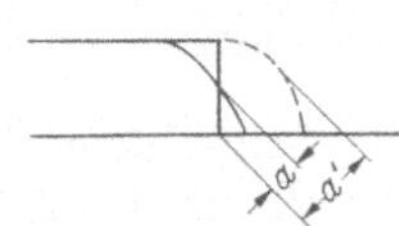

Bild 7.16. Schlecht
vorbereitete
Kehlnaht

Überfließen der Naht — seltener beim Handschweißen, öfters bei
der UP-Schweißung — ist eine Folge zu großer Stromstärke und zu kleiner Schweißgeschwindigkeit. Durch die seitlichen Fugen ist erhöhte Korrosionsgefahr gegeben.
Seitliche Kerben schwächen besonders bei dynamischer Belastung die Naht ebenso
wie ein ausgedehnter Endkrater. Bei Kehlnähten kann eine
ausreichend dicke Naht vorgetäuscht sein, wenn die Blechkanten
nach Bild 7.17 abgeschmolzen sind; daher sollte der Konstrukteur bei wichtigen Nähten die Nahtdicke nicht bis zur oberen
Kante vorsehen. Ungleichmäßige Schuppung der Oberfläche
schädigt ihr Aussehen auch vor Laien, desgleichen ungeschickter
Anschluß der verschiedenen Nahtabschnitte. Oberflächenporen

Bild 7.17. Abschmelzen
einer Blechkante

sind meist auf unsauberes oder feuchtes Blech zurückzuführen.

7.233 Nahtunterseite. Nicht durchgeschweißte Nahtwurzel setzt die Festigkeit wesentlich herab; das gleiche gilt für Wurzelnachschweißungen, welche die
Fuge nicht ganz ausfüllen (Abschn. 4.3). Unregelmäßige Ausbildung der Nahtunterseite bringt Korrosionsgefahren, Durchbrüche von Schweißgut verengen bei
Rohrschweißungen den Querschnitt erheblich.

7.234 Nahtinneres. Poren kommen meist von unsauberen, feuchten Blechen
oder von Elektroden mit feuchter Umhüllung, besonders bei Kb-Elektroden. Fett
und Ölreste an den Nahtflanken haben die gleiche Wirkung. Flankenbindefehler
sind sehr gefährlich, können aber durch Ultraschall- oder Röntgenprüfung nach-

gewiesen werden, ebenso Schlackeneinschlüsse oder nichtgebundene Stellen einer Wurzelnachschweißung. Besonders gefährlich sind Risse. Kaltrisse entstehen bei Schweißungen mit heißgehenden (z. B. Es-) Elektroden an höher gekohlten Stählen oder beim Anschnitt von Seigerungen. Oft treten solche Risse auch an Heftstellen bei höhergekohlten Stählen auf, bei denen die Abschreckung des Schweißgutes be-

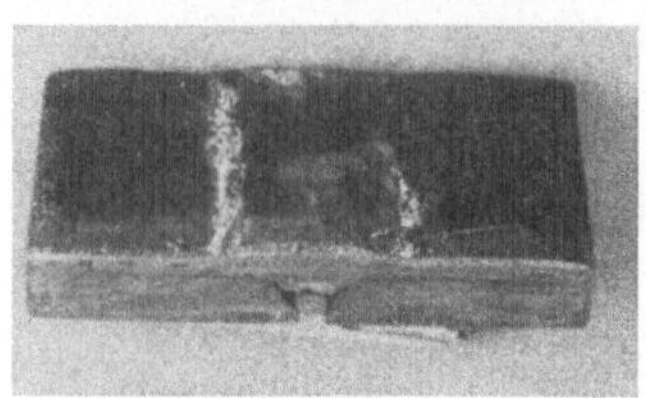

Bild 7.18. V-Naht mit eingeworfenen Elektrodenresten

sonders kraß ist. Gegenmaßnahmen bestehen in der Verwendung von Kb-Elektroden oder im Anwärmen des Grundwerkstoffes. Warmrisse entstehen während des Abkühlungsvorganges, also im warmen Zustand des Schweißgutes, meist in der Mitte der Naht, bei hohem Kohlenstoff- und Schwefelgehalt der Schweiße, weil die sulfidischen Einschlüsse einen niederen Schmelzpunkt haben und daher die Abkühlungsspannungen in der Naht nicht aufnehmen können. Auch hier kann durch Verwendung von Kb-Elektroden oder auch schon von Ti-Elektroden die Hauptgefahr beseitigt werden. Das gilt vor allem dort, wo an Stellen geschweißt werden muß, bei denen Seigerungszonen eines unberuhigten Stahles angeschnitten werden. Das früher anzutreffende Einlegen von Elektrodenresten ist ein schwerwiegender Fehler (Bild 7.18). Die Hoffnung, daß die eingelegte Elektrode durch den darübergeführten Lichtbogen geschmolzen wird und sich mit dem flüssigen Grundwerkstoff verbindet, trifft niemals zu, da der Grundwerkstoff auf diese Weise nicht aufgeschmolzen werden kann.

7.3 Auftragsarbeiten

Reparaturarbeiten: Auffüllen von Lücken in Teilen ohne besondere Anforderungen in mechanischer Hinsicht, Auftragen auf abgenutzte Stellen von Werkteilen nach schla

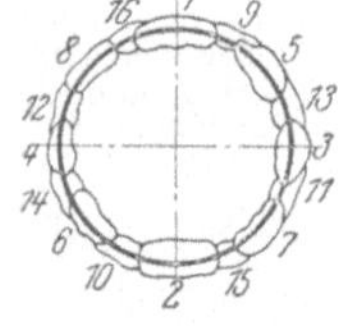

Bild 7.19
Reihenfolge beim
Schweißen auf einer
Welle

gender, reibender, korrosiver und kombinierter Beanspruchung. Beim Auftragen auf Wellen beachte man die Bilder 7.19 und 7.20.

Neuherstellung (Spargerechte Neufertigung): Auftragen legierter Schichten auf unlegierte Stähle (z. B. für Werkzeugbau), Auftragen korrosionsfester Schichten auf unlegierte Stähle („Schweißplattieren").

Einflüsse auf die Widerstandsfähigkeit von Auftragungen: Chemische Zusammensetzung des Auftragsgutes, Abkühlungsgeschwindigkeit des Schweißgutes, Vermischung des Schweißgutes mit dem Grundwerkstoff, Abbrand von Legierungsbestandteilen während des Schweißens, Verhältnis der Schichthärte zur Festigkeit des Grundwerkstoffes, Art der Bettung der harten Gefügebestandteile, Art der Beanspruchung.

7.31 Auftragen durch Handlichtbogen. 7.311 Z u s a t z w e r k

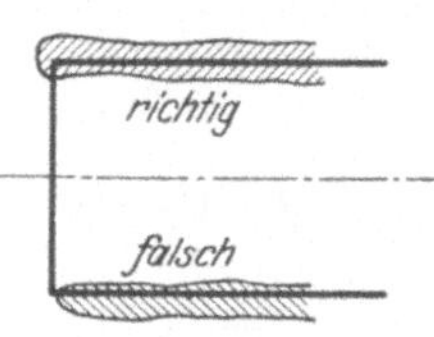

Bild 7.20. Verstärken
einer Welle

s t o f f e. Man unterteilt die Zusatzwerkstoffe im allgemeinen in 4 Gruppen:

1. Zusatzwerkstoffe mit weniger als 20% Legierungsbestandteilen sind geeignet für Verschleißbeanspruchung, wobei manche Sorten durch besondere Wärmebehandlung eine Härtesteigerung erlauben.

2. Zusatzwerkstoffe mit mehr als 20% Legierungsbestandteilen stellen rostfreie, hochverschleißfeste Werkstoffe dar, die mitunter den Charakter von Schnellarbeitsstählen haben.

3. Eisenfreie Legierungen sind hochverschleißfeste, hochwarmfeste und korrosionsbeständige Legierungen.

4. Gesinterte oder gegossene Metallkarbide oder Boride sind in einer weichen eisenhaltigen Grundmasse eingebettet und werden für Sonderwerkzeuge gebraucht.

Handelektroden für allgemeine Beanspruchungen siehe DIN 8555.

7.312 Arbeiten. Grundsätzlich muß versucht werden, daß trotz einwandfreier und notwendiger Bindung das Aufschmelzen des Grundwerkstoffes möglichst gering ist, da dessen Einflüsse meist verschlechternd auf die Auftragungen wirken. Farbgleichheit mit dem Grundwerkstoff zu erzielen, ist fast unmöglich. Beim Ausfüllen kleiner Löcher ist der Rand vorher etwas aufzutreiben, damit die sich evtl. bildenden Randeinbrandkerben höher liegen und abgeschliffen werden können (Bilder 7.21 u. 7.22).

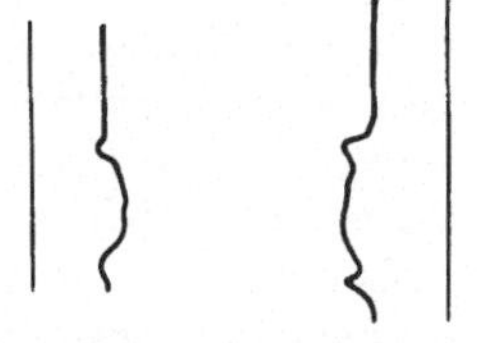

Bild 7.21   Bild 7.22

Bilder 7.21 u. 7.22
Auftragen auf bearbeiteten
Flächen

Bei Aufschweißungen von Manganhartstahl auf ebensolchen muß das Teil möglichst kalt bleiben, da sonst Riß- und Versprödungsgefahr besteht. Beim Auftragen von Manganhartstahl auf unlegierten Baustahl muß als Übergangszone erst eine Schicht aus austenitischem Schweißgut gelegt werden, ehe die Manganhartschicht aufgetragen wird. Verfährt man nicht so, so entsteht ein sehr spröder Mangan-Martensit-Film, der meist zur Rißbildung neigt.

Je nach der Arbeit sind die verschiedenen Zusatzwerkstoffe auszuwählen. Die Bearbeitung richtet sich dann nach den Grund- und Auftragswerkstoffen. Einige *Beispiele* seien hier gegeben.

Beim Auftragen auf Warmarbeitsstähle muß der Grundwerkstoff auf 200 bis 400 °C aufgewärmt und während des Auftragens auf dieser Temperatur gehalten werden. Beim Auftragen von Schnellarbeitsstählen auf unlegierten Stahl mit etwa 0,45% C oder niedriglegierten Stahl als Trägerwerkstoff werden nur die Kanten, die hart werden sollen, aufgetragen. Bei Reparaturarbeiten wird das ganze Stück auf 500 °C vorgewärmt, dann die Schweißung durchgeführt. Das Abkühlen geschieht im Luftstrom. Das Anlassen hat wiederholt zu erfolgen. Austenitische Schichten werden nicht nur zur Erhöhung der Korrosionsfestigkeit aufgetragen, sondern auch wegen ihrer Kalthärtbarkeit für Schienenaufschweißungen und Warmarbeitswerkzeuge. Vorwärmung ist hierbei nicht notwendig, die Kalthärtung erfolgt durch den Gebrauch. Für größte Beanspruchungen werden die leicht schweißbaren Hartlegierungen mit Schutzgas verschweißt (WIG-Verfahren). Hartmetalle bestehen aus Wolframkarbiden, die mit Mischkarbiden in einer weichen, meist ferritischen Grundmasse eingebettet sind. Hartlegierungen sind unter Umständen durch Abschrecken aus 1000 °C härtbar.

7.32 Maschinelles Auftragen. Beim maschinellen Schweißen können die üblichen Verfahren angewendet werden, natürlich unter Auswahl der entsprechenden Zusatzdrähte und beim UP-Schweißen des geeigneten Pulvers. Selbstverständlich sind diese Verfahren nur bei größeren Flächenauftragungen wirtschaftlich. Beim Aufschweißen von austenitischem Stahl auf unlegiertes Material müssen mindestens 2 Schichten, besser 3 nacheinander aufgetragen werden, um die Chromverarmung in der obersten Schicht zu vermeiden. In neuerer Zeit ist hierfür ein neues maschinelles Argonschutzgasschweißverfahren entwickelt worden, bei dem die Pendelamplitude des Schweißkopfes sehr breit ist, die Schweißgeschwindigkeit und die Stromstärker relativ niedrig sind und zusätzlich ein „Kaltdraht", der nicht stromführend ist, dem Lichtbogen zugeführt wird. Das Entscheidende hierbei ist die Tatsache, daß die Werkstückoberfläche nur sehr gering aufgeschmolzen wird (bis 5%), so daß man mit einer Einlagenschweißung auskommt; der Kohlenstoffgehalt des Grundwerkstoffes kann sich wegen der geringen Aufschmelzung nicht bemerkbar machen. Schmelzleistung wird mit 10 kg/h angegeben. Das Verfahren kommt vor allem in Frage für das Auftragen großer Flächen („Schweißplattieren"), die auch gekrümmt sein können. Der Vorteil liegt in der Zeitersparnis (z. B. 4 mm Plattierungshöhe gegenüber 12 mm!); nachteilig sind die große Sorgfalt, mit der vorgegangen werden muß, und die umfangreiche, große Schulung, die die Schweißer hierfür durchmachen müssen.

7.33 Elektrospritzen. Das heute übliche Verfahren beruht darauf, daß zwei relativ dünne Drähte mit automatischem Vorschub in parallel liegenden Führungs-

hülsen, die den Strom übertragen und die am Ende zueinander gekrümmt sind, an
der gegenseitigen Berührungsstelle einen Lichtbogen bilden, gegen den ein Preßluft-
strahl von 3 bis 4 atü geblasen wird. Die entstehenden Tröpfchen werden auf die auf-
zutragende Fläche geschleudert. Da die Erwärmung der Tröpfchen wesentlich höher
ist als beim Spritzen mit der Gasflamme, außerdem der Sauerstoff fehlt und der
gesamte Vorgang rascher verläuft als beim autogenen Spritzen, sind die aufgetragenen Schichten flach· und nicht so stark von Schlacke und Oxydhäutchen
durchsetzt. Da zum mindesten eine Teilverschweißung stattfindet, ist die Haft-
festigkeit des Spritzgutes sehr hoch, die Leistung etwa 3- bis 4mal so groß wie
beim Gasspritzen. Es können heute praktisch alle Metalle, auch Kupfer und Aluminium, verspritzt werden. Ob allerdings die Auftragungen so dicht sind, daß sie
z. B. als austenitischer Stahl, aufgespritzt auf unlegierten Stahl, diesen gegen Säure-
angriff schützen können, erscheint fraglich.

Als Stromquelle dienen Gleichstrom-Konstantspannungsmaschinen in Sonder-
ausführungen.

7.34 Plasmaspritzen. Ein Metallspritzvorgang mit einem Sonderplasmabrenner ist möglich.
Die Kosten hierfür sind aber sehr hoch. Das Verfahren wird in USA für das Aufspritzen von
Stoffen mit sehr hohen Schmelzpunkten für die Raketentechnik verwendet.

7.4 Gußeisenschweißen

7.41 Gußeisenwarmschweißung. Der Riß wird sorgfältig ausgekreuzt. Abge-
brochene Teile können ergänzt werden, indem man die Stelle mit Formkohle-
platten einfaßt. Dann wird glühende Holzkohle zuunterst gelegt, andere darüber,
und dadurch kommt allmählich das ganze Stück ins Glühen. In diesem Zustande
werden nun gußeiserne Stäbe mit hoher Stromstärke eingeschweißt. Ziel muß
hierbei sein, daß die ganze Schweißstelle bis zum Ende der Schweißung flüssig
bleibt. Sodann bringt man noch Kohle darauf und läßt dann langsam die Kohle
völlig abbrennen und das Stück erkalten. Die Ergebnisse sind in der Regel sehr
gut: Die Schweißung ist dicht und fest und läßt sich leicht bearbeiten. Die Nachteile sind das umständliche und teure Einformen und die Schwierigkeit gleichmäßi-
ger Erwärmung und Abkühlung. Wenn auch diese Schwierigkeiten in ihrer Bedeutung nicht verkannt werden, so ist doch der Hinweis berechtigt, daß das Verfahren
in Wirklichkeit nicht allzu umständlich ist, so daß die Praxis mehr Gebrauch davon
machen könnte.

7.42 Gußeisenhalbwarmschweißung. Je nach der Form des Stückes wird das ganze
Stück oder der Teil, der wiederhergestellt werden soll, schwach rotwarm gemacht,
dann geschweißt. Man läßt dann das Stück in trockenem Sande langsam abkühlen.

7.43 Gußeisenkaltschweißung. Das Wichtigste hierbei ist, daß das Stück
möglichst kalt bleiben muß. Daher wird nicht in einem Zuge geschweißt, sondern
abschnittweise. Man muß stets handbreit neben der Schweißung die Hand halten
können. Es hat dabei natürlich jede Abschreckung durch Wasser oder kalte Luft
zu unterbleiben. Je schwieriger das Stück und die Schweißung ist, desto vor-
sichtiger muß man zu Werke gehen. Dann muß die Schweißstelle gut gesäubert
werden; sie muß unbedingt metallisch blank sein. Schlacken, Sandnester u. dgl.
stören dabei außerordentlich; es kann dabei vorkommen, daß die Schweiße überhaupt nicht mit dem Grundwerkstoff bindet: die Schweißtropfen perlen auf dem
Werkstoff wie Wassertropfen auf staubiger Straße (S. 3). Es muß darauf geachtet
werden, daß Reste von vorherigen Löt- oder Schweißversuchen völlig entfernt
werden; auch darf das Stück an der Schweißstelle nicht ölhaltig sein: Das Öl verdampft und reißt die Schweiße immer wieder auf. Daher ist es gut, wenn solche
Teile durch Auskochen von den letzten Ölresten befreit werden.

Der Auskreuzungswinkel ist möglichst groß zu wählen. Risse sind an den Enden abzubohren, damit sie nicht weitergetrieben werden. Hat man dünnwandige Maschinenteile wiederherzustellen, bei denen man größten Wert auf Maßhaltigkeit legt, so sind statt einer Auskreuzung einzelne Bohrungen in dem Riß anzubringen. Durch die stehenbleibenden Stege wird die Maßhaltigkeit gewahrt, und durch die Bohrungen wird wenigstens an einzelnen Stellen ein genügend tiefer Einbrand gewährleistet.

Man schweißt mit Stahlelektroden, umhüllten oder nichtumhüllten. Die Schweißung ist hart und nicht zu bearbeiten. Selbst Schleifen bereitet Schwierigkeiten. Bohren ist unmöglich. Die Bruchfläche ist weiß; die Festigkeit im allgemeinen gut, Dichtheit befriedigend. Eine gute Schweißung reißt bei Überbeanspruchung aus dem Grundwerkstoff heraus. Um die Festigkeit zu erhöhen, wendet man das Stiftverfahren an. Man bohrt in die abgeschrägten Flächen Löcher, schneidet Gewinde und schraubt Stiftschrauben hinein. Als Anhalt diene: Die Entfernung von Schraube zu Schraube wähle man $\approx 3\,d$; die Schraube setze man etwa $1,5\,d$ tief in das Stück ein, der herausragende Teil betrage etwa $0,5\,d$. (d = Schraubendurchmesser). Man wähle ihn möglichst klein, jedoch nicht unter 5 mm. Je kleiner der Durchmesser und je mehr Schrauben gesetzt sind, desto besser die Verbindung. Dann schweißt man mit Stahlelektroden um jede Stiftschraube einen Ring, so daß allmählich die ganze Abschrägungsfläche mit Schweißgut bedeckt ist. Dann erst schweißt man die Lücke voll. Dieses Verfahren ist vor allem brauchbar bei dickwandigen Stücken, wo dann die Schweißung große Kräfte übertragen soll. Auf diese Weise sind Hammergestelle, Böcke u. dgl. mit völlig befriedigendem Ergebnis auch in bezug auf die Dauerbeanspruchung dieser Teile wiederhergestellt worden.

Will man eine bearbeitbare Kaltschweißung haben, so verwende man Sonderelektroden. Diese bestehen aus Monelmetall oder Bronze. Dieses Schweißen ist also strenggenommen ein Löten. Bei Monelmetall ist die Bruchfläche grau, die Naht leicht zu bearbeiten. Bei Bronzeelektroden zeigen sich mitunter Aufschwemmungen von weißem Gußeisen, die schwer zu bearbeiten sind. Man verwendet solche Elektroden dort, wo Wert auf Bearbeitbarkeit gelegt wird (Aufschweißen von Dichtungsflächen u. dgl.).

Bei Gußeisen mit *Lamellengraphit* besteht große Gefahr der Rißbildung durch Sprödigkeit von Grundmaterial und Schweißübergangszone. Ni-Elektroden als „Benetzungselektrode" werden bevorzugt. Keine hohen Anforderungen an Festigkeit der Schweißnaht infolge geringer Eigenfestigkeit.

Temperguß. Wegen der Entkohlung läßt sich weißer Temperguß am besten schweißen. Verwendet werden Elektroden Kb IX s bzw. Kb XII s. Die Sorte GTW-S-38 ist für Schweißzwecke entwickelt. Bei schwarzem und perlitischem Temperguß bestehen die gleichen Schwierigkeiten wie bei Gußeisen. Sie werden mit Ni- bzw. NiFe-Elektroden geschweißt.

Gußeisen mit *Kugelgraphit.* Gegenüber lamellarem Grauguß ist die Sprödigkeit des Grundmaterials geringer. Infolge der höheren Festigkeit sind jedoch auch höhere Ansprüche an die Schweißung zu stellen. Die NiFe-Elektrode wurde im wesentlichen hierfür entwickelt. Rein-Ni hat als Schweißgut eine Festigkeit, die 30 kp/mm² nicht übersteigt. Die ferritischen Sorten lassen sich etwas besser schweißen.

Sonderheiten bei der Technik des Schweißens. *Vorwärmen.* Im allgemeinen werden Vorwärmtemperaturen empfohlen 200 bis 300 °C. Hierdurch soll die Abkühlgeschwindigkeit vermindert und so die Gefahr der Ledeburitbildung vermieden werden. Auch sind die Schweißspannungen etwas geringer.

Wärmezufuhr soll gering gehalten werden, möglichst mit dünnen Elektroden abschnittsweise schweißen. Geringe Stromstärke. Elektrode bei Gleichstromschweißung am Pluspol. Öfteres Unterbrechen des Schweißvorganges.

Schrumpfen durch Hämmern des Schweißgutes (Ni) nach jeder Lage vorbeugen. Auch durch geeignete Schweißfolge hohe Schrumpfspannungen vermeiden.

Kombiniertes Schweißen. Ni als Aufschmelzelektrode zur Vermeidung der harten Übergangszone. Als Auffüllelektrode – z. B. aus Wirtschaftlichkeitsgründen oder wegen Farbgleichheit – Stahl.

Nachglühen bei Temperaturen oberhalb der Umwandlung (etwa 920 °C) zerstört Härtezonen. In den meisten Fällen wegen Verzug und Zunderbildung nicht möglich. Bei unlegiertem lamellarem Grauguß würde außerdem Festigkeitsverlust eintreten. Spannungsfreiglühen (je nach Legierung zwischen 500 bis 600 °C) kann Rißempfindlichkeit bei späterer Beanspruchung mindern.

Verschiedenes. Die Güte der Gußeisenschweißung hängt viel vom Grundwerkstoff ab. Verbrannter Guß, dann solcher, bei dem in weitem Maß durch längere Erwärmung Kohlenstoff ausgeschieden ist, läßt sich nicht schweißen. Nach Möglichkeit vor dem Schweißen an der Naht, an dem Stück, untersuchen, ob es sich schweißen läßt.

Es ist stets nur waagerecht zu schweißen.

Häufig zeigt die Schweißung Haarrisse, durch die sie undicht wird. Nachweis von Haarrissen: Fläche mit Öl bestreichen, Öl abwischen, dann ein Gemisch von Alkohol und Kreide dünn auftragen; es sind dann die Haarrisse durch die Ölflecken deutlich zu sehen. Das Dichthalten der Naht kann man erzielen durch ein vorsichtiges Verstemmen (Hämmern) der Naht mit einem ganz leichten, spitzen Hammer. Inwieweit man andere Dichtungsmittel anwendet – Verzinnen der Naht, Dichtrosten durch Einpinseln mit Ammoniakwasser, Verkitten mit Eisenkitt – hängt von dem Verwendungszweck ab.

Wird gleiche Farbe der Schweißstelle mit dem Grundwerkstoff verlangt, so kommt entweder die Warmschweißung oder die Kaltschweißung mit den Sonderelektroden in Frage. Eine Gewähr für ganz genaues Treffen der Farbe läßt sich nicht geben.

Eine Verbindung von *Gußeisen mit Stahl* mit Stahlelektroden ist ohne große Schwierigkeiten möglich. Natürlich ist die Schweißstelle wieder hart. Man gebraucht das Verfahren, um fehlende Teile zu ergänzen (z. B. den fehlenden Fuß eines Elektromotors) oder auch, um Teile am Gußstück, die von Säure zerfressen oder nicht zu schweißen sind, zu ersetzen. Man formt sich dann aus Blech den Teil, gegebenenfalls mit den Befestigungslöchern, und schweißt ihn an. Man wird versuchen, durch eine schöne glatte Hohlkehle den Schaden wieder gut zu machen. Die Festigkeit ist meist völlig befriedigend.

7.44 Sonderschweißverfahren. Ziel jedes Verfahrens der Kaltschweißung muß sein, die metallurgisch bedingten Härtezonen beim aufgeschweißten Grundmaterial bei gewährleisteter guter Bindung weitgehend zu vermeiden. Ohne Anspruch auf Vollständigkeit seien folgende Verfahren genannt (z. T. patentamtlich geschützt):

Dot-Weld = Tropfenschweißverfahren. Besondere Schweißpistole für 3 mm ∅ Nickeldraht. Lichtbogen wird durch pulsierenden Preßluftstrom unterbrochen. Schweißgutübergang grießartig, ähnlich Spritzen. Unterbrechen des Schweißvorganges, um Erwärmung zu vermeiden und Hämmern der Schweiße. Geringe Schweißleistung.

Um das Schweißbad zu kühlen, wird in starkem Lichtbogen mit Ni-Elektrode zusätzlich ein Stab mit Gußeisencharakter eingeschmolzen. Ni bewirkt weitgehend zementitfreie Erstarrung. Geeignete Flußmittel sind anzuwenden. Das Verfahren erfordert größere Geschicklichkeit. Vorteil: auch farblich bessere Anpassung.

Stahlelektrode mit graphitisierender Umhüllung. Beim Schmelzen wird der Tropfen gekühlt und zu Gußeisen auflegiert. Umhüllung enthält 40% pulverisierten Graphit und 60% 75prozentiges FeSi. Elektrode relativ dünn (1 bis 2 mm ∅). Übergangszone zwischen Grundwerkstoff und aufgeschweißtem Metall soll zementitfrei sein.

7.5 NE-Schwermetalle und deren Legierungen

Das Gasschweißen dürfte hier nach wie vor das am meisten angewendete Schweißverfahren sein. Wegen seiner Nachteile (unbequemes, langsames Arbeiten, konstruktive Beschränkungen — nur Stumpfnähte, keine Kehlnähte —) werden die Lichtbogenschweißverfahren in steigendem Maße angewendet. Hinzu kommt noch, daß durch neuzeitliche Elektroden viele ältere Schwierigkeiten des Lichtbogenschweißens überwunden sein dürften.

7.51 Arbeiten mit dem offenen Handlichtbogen. Reinkupfer. Nur S-Marken verwenden, sonst Porenbildung unvermeidlich. Bis 6 mm Blechdicke stumpf ohne Abschrägung und ohne Vorwärmung. Fugenbreite etwa halbe Blechdicke. Über 6 mm Blechdicke (insbesondere bei großen Teilen) Vorwärmung auf 500 bis 600 °C. Anwendung von V- und X-Naht mit etwa 80° Fugenwinkel. Kehlnähte auch ohne weiteres möglich. Naht nach Möglichkeit in einem Zuge füllen, daher Verwendung von dicken Elektroden. Stromstärke nach den Richtlinien der Elektrodenhersteller richten. Festigkeit (ohne Nachhämmern!) etwa 22 kp/mm²; Dehnung 40 bis 50%; Kerbzähigkeit etwa 8 bis 9 kpm/cm². Bei Kehlnähten fällt der erwünschte tiefe Einbrand auf. Der Kerndraht ist nur schwach legiert (höchstens 2% Si und Sn).

Zinnbronze. *Schwierigkeiten* durch: Seigerungen im Grundwerkstoff; Verdampfen von Zinn, was Porenbildung zur Folge haben kann. Große Affinität des Zinns zu Sauerstoff; das Zinndioxyd (SnO_2) löst sich im Schmelzbad und verursacht Sprödigkeit. Daher Anwendung starker Reduktionsmittel zum Schweißen.

Diese Legierungen sind durchweg dickflüssig.

Durchführung: Erwärmung (300 °C) nur bei Blechen oder Teilen über 5 mm notwendig. Auf jeden Fall langsame Abkühlung mindestens im Sandbad, besser im Ofen.

Aluminiumbronze. Schweißungen ergeben Festigkeitswerte bis zu 75 kp/mm² bei Dehnung bis zu 28%. Zur Auflösung der Aluminiumoxydschicht sind in den Umhüllungen als Flußmittel Fluoride, die meist hygroskopisch sind. Daher trockene Lagerung besonders notwendig. Die Elektroden für hohe Festigkeit haben beträchtlichen Mangangehalt.

Nickelbronze. Da Nickel große Affinität zu Schwefel hat, sind bei diesen Schweißungen die Nahtkanten besonders sauber (fettfrei!) zu halten. Je niedriger der Ni-Gehalt desto leichter schweißbar. Schmelzbad dickflüssig, löst leicht Gase, Porenbildung. Schweißbarkeit vor allem bei hochnickelhaltigen Legierungen fraglich. Besonders ist zu beachten, ob die Nähte und ihre Nachbarzonen den evtl. hohen Korrosionsbeanspruchungen entsprechen. Naht nach Möglichkeit in einem Zuge durchziehen. Zünden am Anfang auf einem Zusatzstück, das nachher wieder abgetrennt wird. Grundsätzlich Gleichstrom mit Pluspol an der Elektrode.

Plattierte Bleche. Vor dem Schweißen wird die Plattierungsschicht in einer Breite von etwa 2mal Blechdicke von der Schweißkante aus entfernt, dann die Bleche zusammengeschweißt. Das Abdecken geschieht entweder dadurch, daß ein entsprechend breiter Blechstreifen eingelegt und an den Rändern festgeschweißt wird oder daß man die Fuge durch Auftragsschweißungen abdeckt.

Verbindungen zwischen Stahl und Kupfer. An sich möglich. Zweckmäßig wird auf die Stahlseite eine Auftragung mit einer Cu-Ni oder einer Cu-Al-Elektrode getätigt, dann wird das Kupfer durch eine Cu-Elektrode mit dieser Auftragungsschicht verbunden. Bei Verwendung von Sezialelektroden (70% Ni, 16% Cr, 6% Fe, 2% Nb) können fast alle Stahlsorten direkt mit Cu bei hohen Festigkeitswerten verschweißt werden. Bei allen diesen Arbeiten ist aber zu prüfen, ob die Korrosionsfestigkeit der Naht ausreichend ist.

Bei Schweißungen an Stahl oder Eisen sind sorgfältig *Eisenaufschwemmungen* zu vermeiden. Diese kommen durch das geringere spezifische Gewicht des Fe gegenüber Cu zustande. Diese Aufschwemmungen setzen die Korrosionsfestigkeit der Naht sehr herab. Bei hochgekohltem Eisen (z. B. Gußeisen) werden diese Eisenkügelchen in der Kupferschmelze stark abgeschreckt, so daß sie eine ausgesprochene Härtestruktur erhalten. Eine Bearbeitung solcher Nähte ist nur durch Schleifen und das auch nur mit Schwierigkeiten möglich.

Schweißungen aller oben genannten Legierungen untereinander sind möglich. Besonders bewährt haben sich dafür Elektroden auf der Basis von Al-Bronze. Prüfung der Korrosionsfestigkeit notwendig. Alle Arbeiten mit diesen Elektroden dürfen nicht in Zwangslage ausgeführt werden. Schon Stehnaht ist meist nicht möglich.

Reparaturarbeiten mit offenem Lichtbogen (Handschweißung) sind sehr gut möglich. Häufig hat die Auftragung (z. B. Al-Cu-Elektroden) eine stärkere Verschleißfestigkeit als der Grundwerkstoff. Bei Cu-Sn-Bronze ist Spannungsrißgefahr gegeben. Mit Anwärmung vorsichtig schweißen, ganz langsame Abkühlung.

7.52 Sonderschweißverfahren. 7.521 Kohlelichtbogenschweißen. Arbeiten mit Gleichstrom mit Maschinen mit steiler Kennlinie, nur für Bleche unter 3 mm mit Wasserglas als Schutzanstrich. Heute kaum noch von Bedeutung.

7.522 Lesselsche Schlauchelektrode. Besonders gut anzuwenden für Reparaturarbeiten. Verwendung von Sonderstromquellen mit höherer Lichtbogenspannung. Heute kaum noch in Gebrauch.

7.523 Schutzgasschweißen. Beim *WIG-Verfahren* werden zinnhaltige oder auch dünnflüssige silberhaltige Kupferdrähte angewendet. Obgleich die Flammentemperatur sehr hoch ist, besteht die Gefahr, daß nur der Zusatzdraht schmilzt und der Grundwerkstoff wenig oder gar nicht aufgeschmolzen wird, was dann Bindefehler verursacht. Daher ist es auch hier zweckmäßig, den Grundwerkstoff vorzuwärmen, und zwar auf etwa 150 °C bei Blechdicken von 1 mm, bis zu 600 °C bei Blechdicken von 12 mm. Bei Blechdicken unter 1 mm kann Wechselstrom angewendet werden, darüber Gleichstrom mit Minuspol an der Wolframelektrode. Bis 3 mm Blechdicke werden Einlagenschweißungen bevorzugt, darüber Mehrlagenschweißungen. Die Arbeitstechnik ähnelt der Gasschweißtechnik, also auch bei Dicken über 4 mm als Stehnaht von beiden Seiten mit zwei Brennern. Bis 8 mm Blechdicke genügt ein Spalt von 2 bis 5 mm, darüber wendet man die X-Naht an. Durch die hohe Lichtbogentemperatur sind die Verziehungen des Grundwerkstoffes gering, die Qualität der Schweiße ist gut.

Das *MIG-Verfahren* wird meist bei Kehlnähten angewendet mit zinnhaltigen Zusatzdrähten. Flußmittel werden nur bei dickeren Blechen vorgesehen. Vorwärmung ähnlich wie beim WIG-Verfahren. Da es sich aber hier fast immer um das Schweißen an größeren Teilen handelt, wird man ohne Rotgluterwärmung der Schweißzone nicht auskommen. Beim Schweißen plattierter Bleche soll mit geringer Stromstärke das Gut in wenigen dicken Lagen aufgetragen werden, um zu verhüten, daß der Grundwerkstoff (Eisen) aufgeschwemmt wird und dadurch die Korrosionsfestigkeit leidet.

Schweißen von Messing nur in Ausnahmefällen überhaupt möglich und wenn, dann nur im WIG-Verfahren mit siliziumhaltigen Kupferdrähten. Zinnbronzen können mit WIG- und MIG-Verfahren mit artgleichen Zusatzdrähten geschweißt werden. Gußteile müssen sorgfältig vorgewärmt werden, um Spannungsrisse zu vermeiden. Aluminiumbronze wird im WIG-Verfahren mit Wechselstrom geschweißt, im MIG-Verfahren mit Gleichstrom und mit dem Pluspol an der Elektrode. Im allgemeinen wird kein Flußmittel angewendet. Die Ergebnisse sind durchweg gut.

7.6 Leichtmetalle und deren Legierungen

Die Schwierigkeiten der Lichtbogenschweißung von Leichtmetallen sind wesentlich größer als die der Stahlschweißung. Sie liegen besonders in dem großen Bestreben der Leichtmetalle, sich mit dem Sauerstoff der Luft zu verbinden, in ihrer großen Wärmeleitfähigkeit, in ihrem niederen Schmelzpunkt, in dem hohen Schmelzpunkt der Oxyde, weiter bei manchen dieser Metalle in der geringen Festigkeit bei bestimmten Temperaturen. Dann sind manche dieser Metalle im flüssigen Zustande sehr stark bereit, andere Stoffe zu zersetzen. So wird z. B. Wasser in seine Bestandteile zerlegt. Der Sauerstoff verbindet sich mit dem Metall, der Wasserstoff bleibt in Form von Poren in der Schweißung. Schließlich ist zu erwähnen, daß Flußmittelreste mitunter zu Anfressungen und Ausblühungen Anlaß geben. Trotz aller dieser Schwierigkeiten hat sich die Lichtbogenschweißung von Leichtmetallen wegen ihrer besonderen Vorteile für manche Fälle gut durchgesetzt. Die Vorteile gegen die der Eigenart der Leichtmetalle eigentlich besser angepaßten Gasschmelzschweißung liegen vornehmlich in der geringen Wärmezone, wodurch Verziehungen weitgehendst unterbunden werden. Dieser Vorteil macht sich vor allem bei der Wiederherstellung gebrochener Gußteile aus Leichtmetallegierungen bemerkbar. Die anderen Vorteile, die außerordentlich hohe Arbeitsgeschwindigkeit und gutes Verhalten gegen Anfressungen, weisen auf die Anwendung im Behälterbau hin.

Die Schweißbarkeit der verschiedenen Metalle wird durch die Legierungskomponenten bestimmt. Daraus ergibt sich, daß die Nahtformen eine Rolle spielen. So beträgt bei I-Nähten der Anteil vom Grundwerkstoff zum Nahtwerkstoff bis zu 80%, bei V-Nähten bis zu 30%. Schweißrißempfindlichkeit macht sich durch Warmrisse bemerkbar. Nichtaushärtbare Werkstoffe in „hartem Zustand" erleiden bei dicken Querschnitten eine gewisse Festigkeitseinbuße; bei „halbhartem" Werkstoff ist diese Verminderung gering, bei „weichem" tritt sogar eine Erhöhung der Festigkeit ein. Bei den auszuhärtenden Legierungen sind die verwendeten Zusatzwerkstoffe von ausschlaggebender Bedeutung.

7.61 Reinaluminium. Die Elektroden sind stark umhüllt; es wird grundsätzlich nur mit Gleichstrom geschweißt, und zwar liegt die Elektrode immer am Pluspol. Da manche dieser Elektroden eine sehr stark wasseranziehende Umhüllung haben, müssen sie sorgfältig trocken gelagert werden. Elektrodendicke wähle man wesentlich größer als bei der Stahlschweißung. Die Leichtmetallschweißung ist in bezug auf die Wahl der Stromstärke viel empfindlicher als die Stahlschweißung. Es gehört eine ganz besondere Erfahrung dazu, um der Wandstärke *und* der Stückgröße entsprechend die richtige Elektrodendicke und Stromstärke zu bestimmen. Man bemühe sich, grundsätzlich mit Einlagenschweißung auszukommen. Spritzt die Elektrode beim Schweißen sehr stark, so ist sie entweder feucht (also unbrauchbar) oder sie liegt am Minuspol, ist also umzuklemmen. Bilden sich an der Elektrodenspitze große einzelne Tropfen, so ist wahrscheinlich die Stromstärke zu gering. Weiter achte man auf kurzen Lichtbogen; dann auch darauf, daß die Schweißstellen sauber sind, vor allem ist hier unbedingt Fett und Öl fernzuhalten. Bei ganz kurzen Nahtabschnitten ist ein Vorwärmen der Naht zweckmäßig (100 ··· 200 °C), wie überhaupt die Schweißung um so besser wird, je wärmer das Stück wird. Man darf das aber auch nicht übertreiben, sonst geht der Hauptvorteil, geringe Verwerfung, wieder verloren. Lange Nähte schweiße man nach sorgfältiger Heftung hintereinander möglichst schnell. Es ist zweckmäßig und erleichtert die Arbeit außerordentlich, wenn man der Naht eine Schiene unterlegt, doch muß diese Schiene auch möglichst sauber und eventuell angewärmt sein. Arbeitet man ohne Schiene, so ist es schwierig, ein Durchsacken des Nachbarwerkstoffes zu vermeiden. Senkrechtschweißen ist nach Möglichkeit zu vermeiden. Nach dem Schweißen ist die Naht möglichst bald zu säubern. Im einfachsten Falle genügt Abwaschen, möglichst mit warmem oder heißem Wasser; für besonders wichtige Zwecke ist Abbeizen mit besonderer Fluß-mittelentfernungsbeize notwendig. Häufige Fehler bei der Aluminiumschwei-ßung sind: seitliche Kerben oder auch nicht vollständiges Ausfüllen der V-Naht. Kehlnähte lassen sich schwieriger herstellen und sollen daher vermieden werden. Bild 7.23 zeigt das Gefüge einer Lichtbogenaluminiumschweißung.

Das Verfahren von BENARDOS (Kohle-lichtbogen) ist auch möglich, bietet aber hier keine Vorteile und wird daher kaum angewendet.

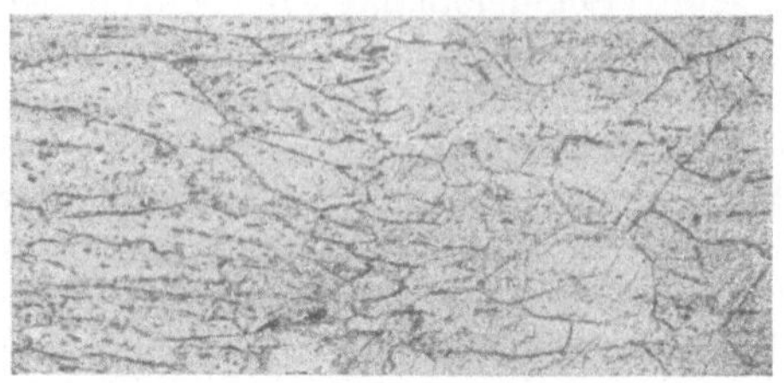

Bild 7.23. Aluminiumschweißung; links Grundwerkstoff, rechts Schweiße x 60

7.62 Aluminiumlegierungen. Haupt-sächlich kommen Gußlegierungen zu Ausbesserungszwecken in Frage. Auch hier wird die Metallelektrode am Pluspol angeschlossen. Die Elektroden sind dem Grundwerkstoff angepaßt. Reinalumi-niumelektroden lassen sich zwar auch verwenden, liefern aber schlechtere Er-gebnisse. Die Umhüllungen sind ähnlich den Umhüllungen der Aluminiumelek-trode. Die Teile sind schwach vorzu-wärmen (80 ··· 100 °C) (es genügt meist schon ein längeres Eintauchen in kochen-

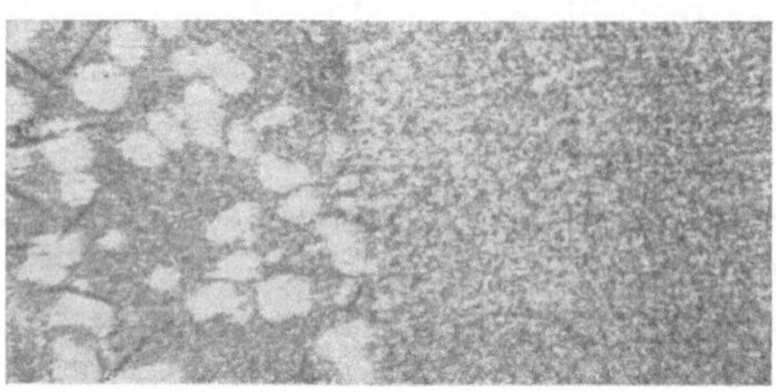

Bild 7.24. Siluminschweißung; links Grundwerkstoff, rechts Schweiße x 60

des Wasser); dann ist möglichst schnell die Schweißung durchzuführen. Sauberkeit der Schweißstelle, sorgfältige Vorbereitung, großes Auskreuzen sind hier auch wieder notwendig; ebenso das Abwaschen nach Beendigung der Schweißung. Das Verfahren von BENARDOS (Kohlelichtbogen) ist möglich, doch ergeben sich im Regelfalle keine Vorteile; es sei, daß eine besondere Legierung zu schweißen ist, für die keine Metallelektrode vorhanden ist. Die Kohle wird dann an den Minuspol angeschlossen, die Schweißstelle und der Zusatzstab aus dem gleichen Werkstoff werden mit einem geeigneten Flußmittel bestrichen. Welches Flußmittel hierfür geeignet ist, läßt sich allgemein nicht sagen. Man versuche zunächst dasjenige, mit dem man beim Gas-schweißen die besten Erfahrungen gemacht hat. Bild 7.24 zeigt das Gefüge einer Siluminschweißung mit dem Metallichtbogen. Man vergleiche das feine Gefüge (ent-standen durch die scharfe Abschreckung des flüssigen Metalls) mit dem groben Gefüge des Grundwerkstoffes. Es ist schwer zu erreichen, daß die Schweißstelle die gleiche Farbe hat wie der Grundwerkstoff.

7.63 Magnesiumlegierungen. Man unterscheidet hier auch wieder Kalt- und Warmschweißungen. Bei der *Warmschweißung* wird das Teil auf einem Rost oder in einem entsprechenden Ofen je nach der Legierung auf etwa 350 °C erwärmt. Häufig wird die Schweißstelle zusätzlich mit einer weichen großen Flamme erhitzt. Die vorher ausgekreuzte Stelle wird mit dem Kohlelichtbogen aufgeschmolzen und Draht, wie er für das autogene Schweißen dieser Legierungen üblich ist, zugesetzt. Vorher ist der Draht sorgfältig zu reinigen (abzubeizen) und dünn mit einem be-sonderen Flußmittel zu bestreichen. Diese Schweißungen zeichnen sich durch hohe

Gütewerte aus. Da das verwendete Flußmittel frei von Chloriden ist, findet auch bei schärfster Prüfung kein Ausblühen statt. Das Verfahren wird nicht oft angewendet, da sich gleich gute Ergebnisse mit dem Gasschweißen erzielen lassen.

Bei der *Kaltschweißung* arbeitet man auch mit dem Kohlelichtbogen, bestreut die Stelle mit dem Flußmittel, welches sonst für das Gasschweißen dieser Legierungen verwendet wird und versieht auch den Draht mit diesem Flußmittel. Die Schweißung wird möglichst rasch durchgeführt, so daß das Stück kalt bleibt. Das Verfahren eignet sich vor allem für Ausbesserungsarbeiten an schon bearbeiteten Teilen, die nicht angewärmt werden können. Die Güte dieser Schweißung hängt in hohem Maße von der Güte des Grundwerkstoffes ab. Ist dieser z. B. mikrolunkerhaltig oder ölversetzt, so wird die Schweiße porig. Ein mehrmaliges Schweißen an der gleichen Stelle ist möglich. So wird man z. B. bei auftretenden Poren die Stelle wegfräsen und von neuem schweißen. Das Stück muß aber immer kalt bleiben. Schwierig ist das Treffen der richtigen Stromstärke; allgemeine Angaben können hier kaum gegeben werden. Der Stromanschluß an das Werkstück muß unter Zwischenlage eines Stückes Leichtmetall angeschraubt werden, da sonst leicht Brandflecke auftreten. Flußmitteleinschlüsse und damit Ausblühungen sind nicht mit Sicherheit zu vermeiden.

Die mechanischen Eigenschaften dieser Schweißungen sind sehr gut; das Gefüge sehr feinkörnig (s. Bild 7.25).

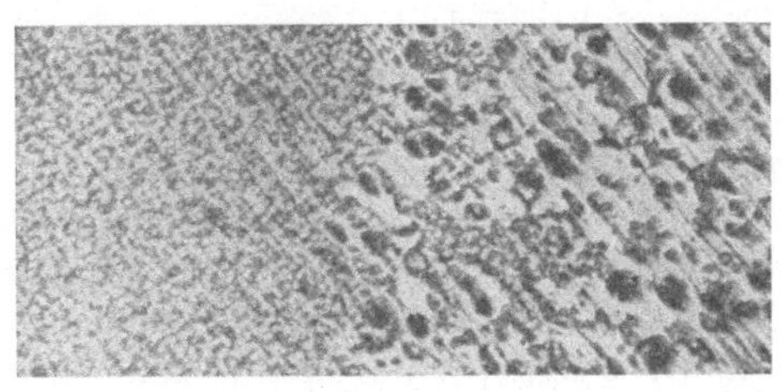

Bild 7.25. Elektroschweißung; links Schweiße, rechts Grundwerkstoff

7.64 Schutzgasschweißverfahren. Das atomare Lichtbogenschweißverfahren wird nur noch selten angewendet. Beim *WIG-Verfahren* wird ohne Flußmittel mit *Wechselstrom* gearbeitet. In dem Augenblick, in welchem der Minuspol an der Elektrode liegt, tritt ein tiefer Einbrand ein, im nächsten Augenblick (bei Umpolung) wird das Aluminiumoxyd verdampft und dadurch das reine Metall bloßgelegt. Dabei tritt eine Gleichrichterwirkung ein, wodurch dieser automatische Reinigungseffekt beeinträchtigt wird. Daher wird vielfach auch mit Hochfrequenzüberlagerung des Wechselstromlichtbogens gearbeitet (300 ⋯ 500 kHz). Der Brenner muß wassergekühlt werden. Die Wolframelektrode ragt etwa das ein bis eineinhalbfache des Durchmessers über die Gasdüse. Bei Kehlnähten kann dieser Abstand größer gewählt werden. Als Zusatzdraht wird im allgemeinen das für das Gasschweißen und den Grundwerkstoff übliche Material gebraucht. Die Arbeitstechnik ist der beim Gasschweißen ähnlich. Beim maschinellen Schweißen können höhere Schweißgeschwindigkeiten erzielt werden.

Beim *MIG-Schweißen* werden Sonderdrähte verwendet, die mit *Gleichstrom* am Pluspol verarbeitet werden. Da infolge der Schutzgasatmosphäre kein Abbrand der Legierungsbestandteile entsteht, ist die Schweißnaht in ihrem Aufbau dem Drahtwerkstoff identisch. Kleine Poren im Schweißgut lassen sich jedoch nicht vermeiden, doch sind sie für das Festigkeitsverhalten der Naht und auch in bezug auf die Dichtigkeit ohne Bedeutung. Für größere Poren sind Unsauberkeiten am Draht oder Werkteil, zu geringer Schutzgasstrom oder zu geringe Lichtbogenspannung, verantwortlich. Beim MIG-Maschinenschweißen, das für dickwandige Behälter angewendet wird, ist die Schweißgeschwindigkeit erheblich höher als beim Handschweißen, da man mit höherer Stromstärke arbeiten kann. Es können alle Leichtmetalle mit diesen Verfahren geschweißt werden.

7.7 Trennen

Es handelt sich bei diesem Verfahren um ein Durchschmelzen oder sogar um ein Verdampfen des Werkstoffes der Trennfuge, was durch die hier zur Verfügung stehenden hohen Temperaturen möglich ist. Das seltener angewendete Durchbrennen mit dem Lichtbogen wird unter „Sonderverfahren" behandelt (s. 7.75).

7.71 Offenes Lichtbogentrennen. An sich könnte der Werkstoff mit fast jeder Elektrode an einer bestimmten Stelle durchgeschmolzen werden. Man verwendet jedoch besondere „Schneidelektroden", die meist eine stark oxydierende Umhüllung haben. Dabei wird mit hoher Stromstärke gearbeitet. Man muß darauf achten, daß das geschmolzene Metall gut abfließen kann. Das Verfahren wird nur dort angewendet, wo das autogene Schneiden nicht möglich ist, also z. B. für Gußeisen, aber auch für NE-Schwermetalle, immer aber nur für Abwrackzwecke, bei denen es auf glatte Schnittkanten nicht ankommt. Für hochlegierte Stähle wäre das Verfahren auch brauchbar, aber abgesehen von der unsauberen Oberfläche der Trennfläche wird hier der Grundwerkstoff an den Trennflächen durch die Schneidelektrode verdorben, so daß anschließend noch erhebliche Schichten abgeschliffen werden müßten.

Statt mit Metallelektroden kann auch mit Kohlestäben gearbeitet werden.

7.72 Schutzgasschneiden wird mit dem WIG-, seltener mit dem MIG-Verfahren durchgeführt und meist nur mit automatischen Einrichtungen, da das Trennen von Hand zwar möglich, wegen der dunklen Augengläser jedoch schwierig ist und dann die Genauigkeit, die man wegen der hohen Kosten dieses Verfahrens verlangen müßte, nicht eingehalten werden kann. In erster Linie wird das Verfahren zum Trennen von NE-Schwer- und Leichtmetallen angewendet, seltener für hochlegierte Stähle. Stromquelle: Gleichstrom mit dem Minuspol an der Elektrode und einem Schutzgas aus $^2/_3$ Argon und $^1/_3$ Wasserstoff.

7.73 Plasmaschneiden. Das Durchschmelzen kann mit dem Plasmastrahl erreicht werden, vor allem bei Werkstoffen (auch Nichtmetallen), die einen hohen Schmelzpunkt haben. Wegen der hohen Kosten wird das Verfahren nur in Sonderfällen angewendet (Raketentechnik u. dgl.).

7.74 Elektronenstrahlschneiden. Durch die hohe Energiedichte wird der Werkstoff in sehr schmaler Zone verflüssigt und im Vakuum, das bei dieser Arbeitstechnik Voraussetzung ist, verdampft. Das Verfahren eignet sich zur Erzeugung schmaler Schnitte an hochschmelzenden Werkstoffen, auch zum Ausbrennen sehr kleiner, auch profilierter Löcher.

7.75 Sonderverfahren. Hier sollen die Lichtbogenschneidverfahren behandelt werden, die mit Sauerstoff arbeiten, also den Werkstoff der Fuge ganz oder teilweise verbrennen. Durch die hohe Temperatur des Lichtbogens wird die Hauptschwierigkeit beim autogenen Schneiden gewisser Werkstoffe, deren Zündtemperatur wie auch die Schmelztemperatur ihrer Oxyde über der Schmelztemperatur des Metalles liegt, ausgeschaltet (z. B. Grauguß: Schmelztemperatur 1200 °C, Zündtemperatur von Eisen 1350 °C, Schmelztemperatur von Eisenoxyd 1370 °C, dagegen Schmelztemperatur von Stahl > 1400 °C).

7.751 Schneiden mit Hohlelektrode. Die Elektrode wird durch ein Röhrchen gebildet (5 bis 8 mm Außendurchmesser bei etwa 2 mm Wanddicke), das mit einer Umhüllung versehen ist, und in der Regel mit Gleichstrom am Pluspol (mitunter auch mit Wechselstrom) verarbeitet wird. Der Schweißstrom und der Sauerstoff werden der Elektrode durch eine Spezialzange zugeführt. Schnittgeschwindigkeit und Schnittleistung sind größer als beim autogenen Brennen, jedoch sind die Schneidkanten nicht so sauber. Die besonderen Vorteile des Verfahrens sind die Möglichkeit, das Schneiden an beliebiger Stelle des Werkteils — also nicht nur am Rande — beginnen zu können, und die größere Unempfindlichkeit gegen unsaubere Blechoberfläche. Das Verfahren wird angewendet für fast alle metallischen Werkstoffe (einschließlich hochlegierter Stähle), dann für Abwrackarbeiten, vornehmlich an dicken Querschnitten für Aufschneiden von Kehlnähten, Abschneiden von Nietköpfen. Schneiden von unlegierten Stählen ist auch möglich, aber wegen der im Vergleich zum Autogenschneiden hohen Kosten kaum angewendet.

7.752 Lichtbogen-Preßluftschneiden (Arcairverfahren). Die verkupferte Kohleelektrode mit rundem oder rechteckigem Querschnitt liegt am Pluspol einer Gleichstromquelle. Durch zwei seitliche Bohrungen an der Elektrode wird Preßluft von 4 bis 8 atü auf die Schmelzzone geblasen, wodurch der flüssige Werkstoff teilweise verbrannt, teilweise weggeblasen wird. Das Verfahren eignet sich in erster Linie zum Fugenhobeln und zum Abarbeiten von metallischen Oberflächen, wobei die Metallart gleichgültig ist; es kann also auch für Gußeisen angewendet werden.

8. Verschiedenes

8.1 Prüfen der Schweißarbeit

Die verschiedenen Prüfverfahren können nach verschiedenen Gesichtspunkten eingeteilt werden, zunächst in persönliche und sachliche Prüfungen, dann z. B. in Fehlersuch- und Fehlerdeutverfahren, in Verfahren mit Zerstörung der Verbindung und in solche ohne Zerstörung der Naht, schließlich in Labor- und Werkstattversuche.

8.11 Genormte Prüfungen (soweit sie sich auf das Lichtbogenschweißen beziehen):

DIN 8560 (Jan. 1959): Prüfung von Handschweißern für das Schweißen von Stahl.

DIN 1913 Blatt 2 (Mai 1960): Lichtbogenschweißelektroden für Verbindungsschweißen; Prüfung der Elektrode, Schweißgutprobe.

DIN 50126 (Nov. 1952): Zugversuch an Kehlschweißnähten.

DIN 50121 (Nov. 1952): Faltversuch an schmelzgeschweißten Stumpfnähten.

DIN 50123 (Dez. 1959): Zugversuch an schmelzgeschweißten Stumpfnähten; NE-Metalle.

DIN 50120 (Nov. 1952): Zugversuch an schmelzgeschweißten Stumpfnähten; Stahl.

DIN 50128 (Juli 1957): Zeitstandversuch an schmelzgeschweißten Stumpfnähten; Stahl.

DIN 50129 (Okt. 1954): Bestimmung der Warmrißbeständigkeit von Schweißzusatzstoffen.

DIN 50122 (Nov. 1951): Kerbschlagbiegeversuch an schmelzgeschweißten Stumpfnähten.

DIN 50127 (Jan. 1959): Kerbzug-, Rohrkerbzug- und Kerbfaltprobe, Winkelprobe und Keilprobe zur Beurteilung von schmelzgeschweißten Stumpf- und Kehlnähten.

DIN 1000 (März 1956): Stahlhochbauten.

DIN 4100 (Dez. 1956): Geschweißte Stahlhochbauten.

DIN 4115 (Aug. 1950): Stahlleichtbau und Stahlrohrbau im Hochbau.

DIN 2301 (Jan. 1957): Zusatzwerkstoffe für Lichtbogen- und Gasschweißen von Grauguß der Sorten GG-12 und GG-22.

DIN 8555 (Okt. 1956): Schweißzusatzwerkstoffe für Auftragsschweißen.

DIN 8557 (Aug. 1961): Schweißzusatzwerkstoffe und Schweißpulver für das Unterpulverschweißen.

DIN 50130 (Okt. 1959): Einspannschweißversuch an Feinblechen.

DIN 50152 (Juli 1959): Aufschmelz-Tiefungsversuch an unlegierten Feinblechen von 0,5 bis 2 mm.

DIN 1626 (Dez. 1952): Schmelzgeschweißte Stahlrohre.

DIN 2470 (Dez. 1954): Richtlinien für Gasrohrleitungen von mehr als 1 kp/cm² Betriebsdruck aus Stahlrohren mit geschweißten Verbindungen.

DIN 54111 (Aug. 1954): Richtlinien für die Prüfung von Schweißverbindungen metallischer Werkstoffe mit Röntgen- und Gammastrahlen.

DIN 54110 (April 1954): Richtlinien für die Beurteilung der Bildgüte von Röntgen- und Gammafilmaufnahmen an metallischen Werkstoffen.

DIN 54121 (Aug. 1956): Magnetpulverprüfung.

DIN 50124 (Mai 1943): Scherzugversuch an Punktschweißnähten an Leichtmetallen.

8.12 Laborprüfungen. *Hier handelt es sich meistens darum, entweder chemisch die Zusammensetzung des niedergeschmolzenen Schweißgutes oder den Gefügeaufbau zu ermitteln. Die Gefügeprüfungen bezeichnet man auch als metallurgische Prüfungen. Die verschiedenen Gefügearten werden dabei festgestellt.*

8.13 Werkstattmäßige Prüfungen. Die Prüfungen werden mit werkstattmäßigen Hilfsmitteln durchgeführt. Die Vorteile liegen in dem geringen Aufwand, der raschen Erledigung und bei einiger Erfahrung auch in gewisser Sicherheit bezüglich des Ergebnisses.

Diese Prüfungen bestehen zunächst in einer gründlichen Betrachtung des Äußeren der Nahtoberseite und Unterseite (glatte Zeichnung, Einbrandkerben, über- und durchgelaufene, durchgebrochene Stellen) und in ihrer Beurteilung. Bei Kehlnähten wird die Naht durch Hammerschläge oder Pressen aufgebrochen, das Innere wird dann beurteilt (Poren, Schlacken, ungebundene Stellen, Gefüge). Die beliebte Faltprobe kann auch leicht angewendet, muß aber sorgfältig durchgeführt werden, um Fehlurteile auszuschließen. Ein dabei oft vorkommender Fehler besteht in der Biegung der Schweißnachbarzonen, während die Naht selbst wenig oder gar nicht beansprucht ist. Stumpfnähte können mit einem Schrotmeißel angekerbt und dann zerschlagen werden. Eine einfache Ätzprobe[1] an einem Querschliff gibt Auskunft über Seigerungszonen und Einbrandverhältnisse.

8.2 Kostenberechnung der Schweißnaht

1. Elektrodenkosten. Die technischen Daten der Elektroden sind im allgemeinen bekannt (Einkaufspreis, niedergeschmolzene Stoffmenge, Nachbehandlungskosten, z. B. Schlackenentfernung). Es ist also notwendig, daß die Naht- und Fugenformen (nach Möglichkeit nach den entsprechenden DIN-Vorschriften), an welche sich der Konstrukteur auf der einen und der Schweißer auf der anderen Seite halten muß, festgelegt sind.

2. Zeitkosten. Hier spielt die Elektrodengattung eine wesentliche Rolle, sodann ihr Durchmesser und die zweckmäßige Stromstärke; diese hängt wieder von der Art der Arbeit ab (horizontale, vertikale Naht, Überkopfnaht...). Neben dieser Hauptzeit – also der eigentlichen Schmelzzeit – sind noch zu berücksichtigen: die Einrichtezeit (Maschine anlassen, einstellen, Elektroden besorgen, Zeichnungen lesen), die Nebenzeiten (Einspannen der Elektrode, Umpolen, Umklemmen...), die Umrichtezeit (Wenden des Werkstückes, Platzwechsel des Schweißers), Verlustzeit (Gespräche mit Vorgesetzten, Austreten, Löhnung, Wartezeiten).

3. Stromkosten (Energiekosten) spielen in der Gesamtaufstellung nur eine geringe Rolle und werden daher oft nur mit den Gemeinkosten erfaßt.

4. Sonderkosten. Hierbei können Kosten durch die verschiedenen Vorbereitungen der Nähte ermittelt werden, desgleichen die Kosten für Nachbearbeitung, Schlackenentfernung... In wieweit man auch die Wärmekosten (Vorwärmen, Nachglühen...) hinzurechnet, wird von Fall zu Fall verschieden sein, ebenso wie die Aufwendungen für die Schweißmaschinen, Einrichtungen, Vorrichtungen usw.

5. Zusammenfassung. Die Gesamtberechnung kann erfolgen in bezug auf das Einzelstück oder auf die Schweißerstunde (Akkord-Zeitlohn).

8.3 Unfallverhütung

Es ist allgemeine Pflicht (auf Grund der RGO, RVO, UVV, RHG, BGB), Unfälle zu vermeiden, soweit es in eigenen Kräften steht. In dieser Hinsicht wird leider noch viel versäumt. Folgende Ausführungen sollen Hinweise über Unfallverhütung beim Elektroschweißen geben.

8.31 Elektrischer Strom. 8.311 Direkte Gefahr. *Gefahrenumstände:* Wenn ein elektrischer Strom in gewisser Höhe (nach Literaturangabe $0{,}02 \cdots 0{,}2$ A) am Herzen vorbeifließt, so entsteht „Herzflimmern", das den Tod durch Erstickung herbeiführt. Laut Ohmschem Gesetz hängt diese Stromstärke von dem inneren und äußeren Widerstand des Stromweges und von der angelegten Spannung ab. Während der innere Widerstand des menschlichen Körpers nahezu konstant ist, kann der äußere Widerstand sehr schwanken: Großflächige Berührung (z. B. Anlehnen an Kesselwand), durchschwitzte Kleidung, nasser Boden usw. vermindern den

---

[1] Ätzmittel für Makrountersuchung: a) 10 g festes Kupferammoniumchlorid werden in 120 cm³ destilliertem Wasser aufgelöst. Ätzdauer 1 ... 3 min. Der entstehende Kupferniederschlag ist unter fließendem Wasser abzuwaschen. b) Nach ADLER-MATTING (Rezept: Es werden 3 g krist. Kupferammoniumchlorid in 25 cm³ destilliertem Wasser aufgelöst, dann sind 50 cm³ Salzsäure mit dem spez. Gewicht 1,19 und 15 g krist. Eisenchlorid zuzusetzen). Siehe auch Werkstattbuch Heft 119: KAUCZOR, Metallographische Arbeitsverfahren.

Widerstand und erhöhen die Gefahr. Entscheidend ist der Weg des Stromes durch den Körper: Daher besonders gefährlich die Schweißzange unter den linken Arm zu klemmen, da bei Isolationsfehlern direkter Weg des Stromes am Herzen vorbeiführt.

Gefahrenverhütung: Einwandfreie Isolation und Erdung der Schweißmaschine, einwandfreies Schweißkabel und vollisolierte Schweißzange. Löst sich die Isolierung von der Zange, so ist sie abzulegen, vermeintliche Sparsamkeit ist hier falsch am Platze. Die Leerlaufspannung der Schweißmaschine nach deutschen Vorschriften darf bei Handschweißung und Wechselspannung 70 V eff., bei Gleichspannung 100 V eff. (s. VDE 0540 und 0541) nicht überschreiten. Da im Ausland andere Bestimmungen gelten, ist bei importierten Maschinen darauf zu achten, daß diese Grenzspannung nicht überschritten wird. Zur Zeit laufen Besprechungen, die deutschen Vorschriften den ausländischen anzupassen, also die Grenzspannung zu erhöhen. Zur Zeit sind aber noch die alten Vorschriften zu beachten. Wechselspannung ist gefährlicher als Gleichspannung, so daß beim Schweißen in engen Räumen nur allein Gleichstrom zugelassen ist bzw. Sonderschweißtransformatoren mit besonders niedriger Leerlaufspannung verwendet werden müssen.

Einfluß der Frequenz. Für Mittelfrequenzmaschinen gelten die gleichen Richtlinien wie für die üblichen Netztransformatoren. Hochfrequenz kann als verhältnismäßig unbedenklich bezeichnet werden, da hierbei der Strom in die Körperoberfläche abgedrängt wird und daher nicht an das Herz herantritt.

8.312 **Indirekte Gefahr.** *Gefahrenumstände.* Durch Schockwirkung entsteht ein krampfartiges Zusammenzucken des Körpers, wodurch Stürze verursacht werden können.

Gegenmaßnahmen: Unterlage stets sorgfältig auswählen; falls auf hochgelegenen engen exponierten Arbeitsplätzen geschweißt werden muß, ist der Schweißer mit einem zuverlässigen Sicherheitsgurt (anzuseilen) auszurüsten.

8.32 Strahlengefahren. *Augenschutz.* Dreistellige Kennziffer für Schutzgläser gemäß DIN 4647 und 4655. Erste Ziffer bezieht sich auf den Schutz gegen ultraviolette Strahlen, die zweite gegen sichtbare Strahlen, die dritte gegen ultrarote Strahlen. Die Stärke der Strahlung hängt ab von dem Schweißverfahren (Schutzgasschweißen stärker als Elektrodenlichtbogen), von der Größe der Lichtquelle (z. B. erfordert Graugußwarmschweißung dunklere Gläser als Feinblechschweißung) und von der Entfernung. Für den Schweißer Schutzschilde oder Schutzhelme. Belästigung der Mitarbeiter sorgfältig überprüfen. Am besten in Kabinen schweißen; oft nimmt ein kleines abgewinkeltes Blech, dicht am Lichtbogen aufgestellt, viel von der Strahlung weg.

Körper- und *Handschutz.* Grundsätzlich mit Handschuhen schweißen, Hautverbrennungen (Rötung bis Blasenbildung) möglich.

Zersetzungsgefahr. In Werkstätten, in denen mit Trichloräthylen gearbeitet wird, besteht die Gefahr der Zersetzung der Dämpfe durch Ultraviolettstrahlung des Lichtbogens, so daß das Giftgas Phosgen entstehen kann.

8.33 Wärmegefahren. Anfassen heißer Teile, Spritzerbrandgefahr der Kleidung, vor allem, wenn sie etwa vorher mit Sauerstoff in Berührung gekommen ist. Auch Selbstentzündung öl- bzw. fettverunreinigter Kleidung kommt vor. Merke: Sauerstoff durchtränkt, ähnlich wie Wasser, die Kleidung und wird auch ebenso wie Wasser in der Kleidung zurückgehalten, ohne daß man allerdings äußerlich etwas davon spürt. Schon bei einem Schweißspritzer auf solche Kleidung steht diese sofort in Flammen. Heiße Schlackenteilchen brennen (vor allem im Auge) leicht fest. Enganschließende Kleidung. Brandgefahren, wenn Spritzer auf leicht entzündbare Stoffe fallen; erforderlichenfalls Brandwache zurücklassen. Schweißstromkreis stets durch Kabel bewerkstelligen, nicht durch Gebäudekonstruktion oder Bauteile selbst. Unkontrollierte Übergangswiderstände können Korrosion sowie Aufglühungen hervorrufen und entsprechende Brandursachen darstellen und Lockerungen in der Konstruktion verursachen.

8.34 Vergiftungen (durch Rauch und Gase). *Kohlenmonoxyd.* CO-Gase können beim Schutzgasschweißen auftreten. Sorgfältige Untersuchungen haben nachgewiesen, daß schädliche Mengen nicht entstehen.

Stickoxyde. Auftreten auch möglich.

Metallrauche. Vornehmlich beim Schweißen an verzinkten oder verbleiten Gegenständen. Mangan bei Hartstahlauftragungen (entschädigungspflichtige Berufskrankheit!)

Gegenmaßnahmen. Vornehmlich in engen Räumen sorgfältige Absaugung. Dabei soll nach Möglichkeit der Rauch gleich bei der Entstehung, also am Lichtbogen, abgesaugt werden. Wirkung von Absaugtischen nur bei kleinen Teilen gegeben. Beim Absaugen auch auf evtl. Zugwirkung achten (Erkältung für den Schweißer).

8.4 Schulung

Auf dem Gebiete der „Schweißerschulung" bestehen zur Zeit verschiedene ungelöste Fragen, vor allem ob der „Schweißer" ein Lehr- oder Anlernberuf sein und ob die Ausbildung nur auf ein oder auf alle Verfahren ausgedehnt werden soll. Naturgemäß kann hier dazu nicht Stellung genommen werden, der Verfasser kann nur über den gegenwärtigen Stand der Dinge (also Ende 1963) kurz berichten.

8.41 Gelernte Schweißer. In der Lehrzeit, die 3 Jahre dauert, werden alle hauptsächlichen Schweißverfahren (also Gas- und Lichtbogenschweißen, Löten, Brennen) behandelt. In Zukunft wird wahrscheinlich die Lehrzeit beibehalten werden, ebenso die Ausbildung in allen Handschweißverfahren, jedoch mit einem bestimmten Schwerpunkt, z. B. auf Gasschweißen *oder* Lichtbogenschweißen. Schweißerlehrlingsprüfung (Gehilfenprüfung) vor der Industrie- und Handelskammer seit 1930 bis heute; vor dem Prüfungsausschuß der Innungen (Handwerkskammern) seit 1941 bis heute. Ziffernmäßig sind diese beiden Ausbildungszweige nur in bestimmten Industriegebieten (z. B. Ruhrgebiet) von gewisser Bedeutung (Schätzung: 500 Prüfungen je Jahr im gesamten Bundesgebiet).

8.42 Schweißtechnische Kurzausbildung[1]. Kurse des Deutschen Verbandes für Schweißtechnik, 4 Düsseldorf, Schadowstr. 42, und nach dessen Richtlinien schweißtechnische Informationen, Ausbildung zum Stahlschmelzschweißer in 3 Stufen, Sonderlehrgänge für Brennschneiden, Leichtmetallschweißen, Kunststoffschweißen, Rohrschweißen usw.

8.43 Vom Betrieb angelernte Schweißer. Die Firmenschweißlehrgänge, die früher eine nicht unbedeutende Rolle spielten, werden heute nur in Ausnahmefällen (z. B. Schutzgasschweißen) durchgeführt.

Die Meinung, ob man für Ausbildung Leute, die schon Erfahrung in der Metallbearbeitung haben oder völlig berufsfremde Arbeiter hinzuzieht, ist umstritten. Beachtenswert ist allerdings, daß erfahrungsgemäß Autogenschweißer, die auf Schutzgasschweißen umgelernt werden sollen, größere Schwierigkeiten haben als berufsfremde. Auf jeden Fall sind für solche Ausbildung Leute zu bevorzugen, die sich durch Zuverlässigkeit, Ehrlichkeit und eine gewisse Geschicklichkeit auszeichnen.

Bei der Ausbildung zum Maschinenschweißer wird man nach einer kurzen Vorschulung die Schweißer erst als Schweißhelfer einsetzen, dann für untergeordnete Aufgaben, ehe man sie mit wichtigen Arbeiten betraut.

8.44 Sonderbetriebe. Reparaturbetriebe brauchen gelernte Schweißer, Betriebe, die genehmigungspflichtige Arbeiten durchzuführen haben (Kesselbau, Stahlhochbau, Brückenbau usw.), machen mit angelernten Schweißern gute Erfahrungen, soweit sie besonders geschickt sind, eine Sonderausbildung mit Erfolg durchgemacht und genügend Praxis haben. Bei Montagebetrieb muß man – natürlich neben den notwendigen schweißtechnischen Kenntnissen – auf gute allgemeine Kenntnisse in der Metallverarbeitung Wert legen.

---

[1] Auskünfte erteilen auch die Schweißtechnischen Lehr- und Versuchsanstalten sowie die Kursstätten des DVS.

Verzeichnis der zur Zeit greifbaren Hefte nach Fachgebieten (Fortsetzung)

III. Spanlose Formung

Heft

Duesing u. Stodt: Freiformschmiede I. Grundlagen, Werkstoffe der Schmiede, Technologie des Schmiedens. 4. Aufl. 1954 11

Stodt: Freiformschmiede II. Konstruktion und Ausführung von Schmiedestücken (Schmiedebeispiele). 3. Aufl. 1950 12

Kaessberg: Gesenkschmieden von Stahl II. Die Gestaltung der Schmiedewerkzeuge. 2. Aufl. 1951 58

Peter: Das Pressen und Gesenkschmieden der Nichteisenmetalle. 2. Aufl. 1955 41

Krabbe: Stanztechnik I. Schnittechnik. Technologie des Schneidens. Die Stanzerei. 3. Aufl. 1953 44

Krabbe: Stanztechnik II. Die Bauteile des Schnittes. 3. Aufl. 1961 57

Krabbe: Stanztechnik III. Grundsätze für den Aufbau der Schnittwerkzeuge. 2. Aufl. 1964 59*

Sellin: Stanztechnik IV. Formstanzen. 3. Aufl. In Vorbereitung 60*

Sellin: Tiefziehtechnik. 4. Aufl. 1955 25

Sellin: Metalldrücken. 1955 117

Lindner: Hydraulische Preßanlagen für die Kunstharzverarbeitung. 2. Aufl. 1951 82

IV. Schweißen, Löten, Gießerei

Hesse †: Praktische Regeln für den Elektroschweißer. 4. Aufl. 1958 74

Brunst u. Fahrenbach: Widerstandsschweißen. 3. Aufl. 1962 .... Doppelheft 73a/b

Ricken: Das Schweißen der Leichtmetalle. 2. Aufl. 1949 85

Klosse: Schweißtechnische Berechnungen. 1951 102

Krekeler u. Steinemer: Metallspritzen. 1952 93

von Linde: Das Löten. 4. Aufl. 1954 28

Kadleo: Gießereimodelle. 3. Aufl. In Vorbereitung 72*

Löwer: Der Holzmodellbau. I. Allgemeines. Einfachere Modelle. 3. Aufl. 1950 14

Löwer: Der Holzmodellbau II. Beispiele von Modellen und Schablonen zum Formen. 3. Aufl. 1950 17

Jung: Metallmodelle, Gipsmodelle und Modellplatten für die Maschinenformerei. 2. Aufl. 1953 37

Mehrtens: Der Gießerei-Schachtofen im Aufbau und Betrieb. 4. Aufl. 1950 10

Naumann: Handformerei. 2. Aufl. 1950 70

Allendorf: Maschinenformerei. 2. Aufl. 1950 66

Kothny: Einwandfreier Formguß. 3. Aufl. 1953 30

Kothny: Stahl- und Temperguß. 3. Aufl. 1953 24

Gilles: Der Grauguß. 3. Aufl. 1950 19

V. Antriebe, Getriebe, Vorrichtungen

Birett: Der elektrische Antrieb von Werkzeugmaschinen. 2. Aufl. 1951 54

Beinert † u. Birett: Hohe Drehzahlen durch Schnellfrequenz-Antrieb. 2. Aufl. 1954 ... 84

Graf: Maschinelle Handwerkzeuge. 2. Aufl. 1950 79

Rögnitz: Stufengetriebe an Werkzeugmaschinen. 3. Aufl. 1953 55

Rögnitz: Getriebe für Geradwege an Werkzeugmaschinen. 2. Aufl. 1964 101

Dürr und Wachter: Behandlung und Prüfung ölhydraulischer Antriebe und Steuerungen. 1955 118

Trier: Die Zahnformen der Zahnräder. 5. Aufl. 1958 47

Trier: Die Kraftübertragung durch Zahnräder. 4. Aufl. 1962 87

Jürgensmeyer †: Einbau und Wartung der Wälzlager. 2. Aufl. 1951 29

Pockrandt †: Teilkopfarbeiten. 4. Aufl. 1949 6

Deuring: Spannen im Maschinenbau. 2. Aufl. 1953 51

Mauri: Der Vorrichtungsbau I. Einteilung, Aufgaben und Elemente der Vorrichtungen. 8. Aufl. In Vorbereitung 33*

Mauri: Der Vorrichtungsbau II. Typische allgemein verwendbare Vorrichtungen (Konstruktive Grundsätze, Beispiele, Fehler). 6. Aufl. 1963 35

Mauri: Der Vorrichtungsbau III. Wirtschaftliche Herstellung und Ausnutzung der Vorrichtungen. 5. Aufl. In Vorbereitung 42*

Ferling: Hydraulische Werkstückspanner. 1961 122

(Fortsetzung 4. Umschlagseite)